带电作业

工器具手册

（配电分册）

EPTC《带电作业工器具手册》编写组　编

中国水利水电出版社
www.waterpub.com.cn
·北京·

内 容 提 要

  本书汇编了目前带电作业工器具产品，包括输变电分册和配电分册两个分册，对带电作业工器具产品的标准化命名、相关标准技术性能要求、执行标准、产品图片、规格型号、技术参数等信息汇编。输变电分册包括作业车辆、绝缘平台、绝缘工具、金属工具、防护工具、检测工具共六部分；配电分册包括作业车辆、绝缘平台、绝缘工具、金属工具、防护工具、检测工具、遮蔽工具、旁路作业设备及防护设施、带电库房设备和其他共十部分。

  本书可供从事带电作业工器具产品设计、生产、管理、营销、采购人员使用，也可供从事带电作业工作的相关人员参考使用。

图书在版编目（CIP）数据

  带电作业工器具手册. 输变电分册、配电分册 /
EPTC《带电作业工器具手册》编写组编. -- 北京 ：中国
水利水电出版社，2019.12
  ISBN 978-7-5170-7863-0

  Ⅰ．①带… Ⅱ．①E… Ⅲ．①输配电—带电作业工具
—手册 Ⅳ．①TS914.53-62

  中国版本图书馆CIP数据核字(2019)第150144号

书　　名	**带电作业工器具手册（输变电分册、配电分册）** DAIDIAN ZUOYE GONGQIJU SHOUCE （SHUBIANDIAN FENCE、PEIDIAN FENCE）
作　　者	EPTC《带电作业工器具手册》编写组　编
出版发行	中国水利水电出版社 （北京市海淀区玉渊潭南路 1 号 D 座　100038） 网址：www. waterpub. com. cn E - mail：sales@waterpub. com. cn 电话：(010) 68367658（营销中心）
经　　售	北京科水图书销售中心（零售） 电话：(010) 88383994、63202643、68545874 全国各地新华书店和相关出版物销售网点
排　　版	中国水利水电出版社微机排版中心
印　　刷	天津嘉恒印务有限公司
规　　格	184mm×260mm　16 开本　24.25 印张（总）　590 千字（总）
版　　次	2019 年 12 月第 1 版　2019 年 12 月第 1 次印刷
印　　数	0001—2500 册
总 定 价	**198.00 元（共 2 册）**

凡购买我社图书，如有缺页、倒页、脱页的，本社营销中心负责调换

版权所有·侵权必究

《带电作业工器具手册》

组织编写委员会

主审：薛　岩

委员：肖　坤　　郝旭东　　刘洪正　　张锦秀　　宁　昕　　樊灵孟

　　　刘　凯　　陆益民　　崔江流　　易　辉　　蚁泽沛　　张　勇

编写组

主任：肖　坤

委员：崔江流　　易　辉　　蚁泽沛　　张文亮　　薛　岩　　宁　昕

　　　刘洪正　　顾衍璋　　张　勇

输变电分册

主编：郝旭东

编委：周华敏　　牛　捷　　姚　建　　陆益民　　曾林平　　黄修乾

　　　邵镇康　　刘智勇　　王　辉　　赵维谚　　王　伟　　周文涛

　　　张锦秀　　李字明

配电分册

主编：高天宝

编委：孙振权　　李占奎　　左新斌　　曾国忠　　雷　宁　　张智远

　　　郝　宁　　黄湛华　　隗　笑　　李雪峰　　狄美华　　沈宏亮

　　　袁　栋　　梁晟杰

编 制 说 明

性能优良的带电作业工器具是完成现场带电作业工作的必要条件。以往带电作业技术人员所看到的带电作业工器具等相关资料，大多来自供货商的产品目录。由于产品目录只介绍本企业所经营的产品，故技术人员很难从产品目录中全面了解带电作业工器具种类和各种类产品的技术性能。

2015 年初，全国输配电技术协作网带电作业专家工作委员会工作会议决定，编辑出版《带电作业工器具手册》（以下简称《手册》），并组建了组织编写委员会；2018 年，EPTC 带电作业专家工作委员会决定根据行业要求进行修订。

《手册》的修订依据相关标准编制，分为输变电、配电两个分册，收集汇总国内外在用的各种带电作业工器具和带电作业车辆，力争品种齐全、分类合理、图文并茂、查阅方便。

2019 年 1—8 月间，组织编写委员会组织各地电力（网）省公司、制造、供应企业相关专业技术人员，分组、分专业完成了《手册》编辑所需产品资料的网上申报、资料汇总、分类整理、初稿审核、汇总编辑等工作。

目 的

服务带电作业生产现场需求，为从事带电作业技术人员正确了解及使用带电作业工器具和带电作业车辆提供真实和较为系统的参考信息。

编 制

《手册》组织编写委员会和编写组由国家电网公司、中国南方电网公司、全国输配电技术协作网带电作业专家工作委员会、中国电机工程学会带电作业专业委员会、全国带电作业标准化技术委员会等组织成员组成。

产 品 分 类 原 则

《手册》分为输变电、配电两个分册，其中：输变电分册包括作业车辆、绝缘平台、绝缘工具、金属工具、防护工具、检测工具共六部分；配电分册包括作业车辆、绝缘平台、绝缘工具、金属工具、防护工具、检测工具、遮蔽工具、旁路作业设备及防护设施、带电库房设备和其他共十部分。

《手册》从以下五个方面对带电作业工器具进行介绍：

（1）用途及使用电压等级：介绍专用工器具在带电作业项目中的主要作用和可以选择的电压等级等。

（2）执行的标准：主要指工器具生产、运输、保管、使用中应执行的相关国家标准、行业标准，并在个别环节参考了相关国际标准。

（3）相关标准技术性能要求：主要是对上述标准中相关条款的具体引用。

（4）供应方提供的图片：鉴于某类工器具可能形式繁多，为避免雷同，每一种工器具图片仅选用了有代表性的1～3幅。

编 辑 收 录 原 则

（1）产品依据与带电作业工器具及带电作业车辆相关的国家标准（GB）、行业标准（DL）、IEC等。

（2）产品技术性按照相关标准要求并综合对该类产品的技术性能要求进行描述，供需求方参考。

（3）产品企业排名均按英文拼音字母排序。

（4）产品信息与数据由各供应商（生产厂商、主要代理商）提供，其真实性由提供方负责。

（5）产品试验报告由各供应商（生产厂商、主要代理商）提供，其真实性由提供方负责。

（6）产品图片来自于各供应商（生产厂商、主要代理商）提供，其图片不完善部分由编辑组专家提供，产品图片只作为示例，不作为该类产品标准化样品图片。

本《手册》收录所有信息均来自各电力（网）公司推荐及供应商自愿申

报，肯定会有缺失，我们欢迎带电作业工器具产品供应方进一步提供相关资源。

随着工器具的创新和技术的不断发展，本《手册》将定期修编。由于编辑人员少，此项工作大多靠编写组人员业余时间整理完成，在语言文字方面也难免有不准确之处，敬请谅解。

本《手册》由本书编写组负责解释。

目 录

作 业 车 辆

1 绝缘斗臂车

适用电压等级 10～35kV

用途

用于配电架空线路带电作业。

执行标准

GB 7258 机动车运行安全技术条件

GB/T 9465 高空作业车

GB/T 13035 带电作业用绝缘绳索

GB/T 18857 配电线路带电作业技术导则

GB 25849 移动式升降工作平台 设计计算、安全要求和测试方法

DL/T 854 带电作业用绝缘斗臂车的保养维护及在使用中的试验

DL/T 879 带电作业用便携式接地和接地短路装置

相关标准技术性能要求

1. 机械性能：①额定载荷 1.5 倍静载荷试验合格；②承载 1.25 倍水平面额定载荷的动载稳定试验合格。

2. 整体性能：①满足作业高度 10～25m；②满足作业幅度 4.5～14.5m；③满足绝缘斗承载 200～360kg，单人单斗承载不小于 135kg；④满足小吊额定荷载 400～907kg。

3. 电气性能：

（1）绝缘工作斗绝缘性能要求。

绝缘性能要求

试验部件	额定工作电压/kV	试验距离/m	试验时间/min	定型/型式/出厂试验		预防性试验		交流泄漏电流试验	
				层向耐压试验电压/kV	沿面闪络试验电压/kV	层向耐压试验电压/kV	沿面闪络试验电压/kV	试验电压/kV	泄漏电流/μA
绝缘内斗	10	0.4	1	50	50	45	45	20	≤200
	20	0.5	1	50	125	45	80	40	
	35	0.6	1	50	150	45	95	709	
绝缘外斗	10	0.4	1	—	50	—	45	20	
	20	0.5	1	—	125	—	80	40	
	35	0.6	1	—	150	—	95	70	

注：1. 层向耐压、沿面闪络试验过程中应无击穿、无闪络、无严重发热（温升容限10℃）。

2. "—"表示不必检测项目。

（2）绝缘臂绝缘性能要求。

绝缘性能要求

额定工作电压/kV	试验距离/m	试验时间/min	定型/型式试验电压/kV	出厂试验电压/kV	预防性试验电压/kV	交流泄漏电流试验		泄漏值/μA
						试验距离/m	试验电压/kV	
10	0.4	1	100	50	45	1.0	20	1. 安装前部件单独试验≤200； 2. 安装后整车部件试验≤500
20	0.5	1	125	90	80	1.2	40	
35	0.6	1	150	105	95	1.5	70	
66	0.7	1	175	141	175	1.5	105	
110	1.0	1	250	245	220	2.0	126	
220	1.8	1	450	440	440	3.0	252	
500	3.7	1	640	640	580	4.0	580	
±500	3.2	1	—①	—①	565	4.0	565	

注：1. 工频耐压试验过程中应无击穿、无闪络、无严重发热（温升容限10℃）。

2. ±500kV采用直流耐压。

① ±500kV直流输电线路用绝缘斗臂车定型/型式试验、出厂试验数据暂缺。

（3）整车绝缘性能要求。

绝缘性能要求

额定工作电压/kV	试验距离/m	试验时间/min	定型/型式试验电压/kV	出厂试验电压/kV	预防性试验电压/kV	交流泄漏电流试验	泄漏值/μA
						试验电压/kV	
10	1.0	1	100	50	45	20	≤500
20	1.2	1	125	90	80	40	
35	1.5	1	150	105	95	70	
66	1.5	1	175	141	175	105	
110	2.0	1	250	245	220	126	
220	3.0	1	450	440	440	252	
500	4.0	1	640	640	580	580	
±500	4.0	1	—①	—①	565	565	

注：1. 工频耐压试验过程中应无击穿、无闪络、无严重发热（温升容限10℃）。

2. ±500kV采用直流耐压。

① ±500kV直流输电线路用绝缘斗臂车定型/型式试验、出厂试验数据暂缺。

参考图片及参数

企业名称	型号规格	最大作业高度/m	最大作业幅度/m	工作斗额定载荷/kg	工作电压等级/kV	臂架结构型式	底盘行走型式	型式试验报告
杭州爱知工程车辆有限公司	HYL5061JGKB GS15QL 系列	15.0	6.6	200	10	折叠式	轮式	有
	HYL5062JGKA GHH12DF 系列	12.5	6.5	136	10	直伸式	轮式	有
	HYL5083JGKB SN15BQL 系列	16.7	11.3	280	35/63	直伸式	轮式	有
	HYL5091JGKC GN19QL 系列	19.3	11.6	280	35/63	直伸式	轮式	有
	HYL5093JGKZ50 GNH15AZ50	15.8	10.2	280	63	直伸式	轮式	有
	HYL5098JGK GN15ZQ 系列	15.9	11.3	280	63	直伸式	轮式	有
	HYL5106JGKQ50 GNH19AQ50	19.8	11.6	280	63	直伸式	轮式	有
	HYL5107JGK GN19ZQ10 系列	19.4	11.6	280	63	直伸式	轮式	有
	HYL5107JGK SN15BZQ10 系列	16.8	11.3	280	63	直伸式	轮式	有
	HYL5108JGKB GZH20QL 系列	20.7	12.7	280	63	混合式	轮式	有

企业名称	型号规格	最大作业高度/m	最大作业幅度/m	工作斗额定载荷/kg	工作电压等级/kV	臂架结构型式	底盘行走型式	型式试验报告
杭州爱知工程车辆有限公司	HYL5109JGK GN19ZQ00 系列	19.4	11.6	280	63	直伸式	轮式	有
	HYL5109JGK SN15BZQ00 系列	16.8	11.3	280	63	直伸式	轮式	有
	HYL5118JGK GZH20ZQ 系列	20.8	12.7	280	63	混合式	轮式	有
	HYL5141JGKZ50 GZH20AZ50	21.1	12.7	280	63	混合式	轮式	有
青岛索尔汽车有限公司	QJM5130JGKD	20.3	12	272	46	混合式	轮式	有
	QJM5091JGK	17.3	11	300	46	伸缩式	轮式	有
	QJM5092JGK	19.1	11	300	46	伸缩式	轮式	有
	QJM5102JGK	17.3	10	272	46	混合式	轮式	有
	QJM5100JGK	17.3	11	300	46	直伸式	轮式	有
常州新兰陵电力辅助设备有限公司	PB18.90.20	17.1	8.7	139	10	三节臂	履带行走	有
青岛中汽特种汽车有限公司	QDT5066JGKJS	13.9	9.1	单人单斗 181	46	混合臂	轮式	有
	QDT5086JGKJS	14	9.3	单人单斗 181	46	混合臂	轮式	有
	QDT5084JGKJS	17.1	9.8	双人单斗 181	46	混合臂	轮式	有
	QDT5106JGKJS	17	11.8	双人单斗 295	46	混合臂	轮式	有
	QDT5122JGKES	17	11.2	双人单斗 272	46	混合臂	轮式	有
	QDT5197JGKSS	25	14.9	双人单斗 317	46	混合臂	轮式	有
	QDT5198JGKSS	25	14.9	双人单斗 317	220	混合臂	轮式	有
	QDT5136JGKSS	17.5	14	双人单斗 200	46	混合臂	轮式	有
	QDT5146JGKSS	20	12.6	双人单斗 272	46	混合臂	轮式	有

企业名称	型号规格	最大作业高度/m	最大作业幅度/m	工作斗额定载荷/kg	工作电压等级/kV	臂架结构型式	底盘行走型式	型式试验报告
山东泰开汽车制造有限公司	TAG5100JGK06	17.4	12.2	272	46	混合臂	汽车轮式	有
	TAG5110JGK17BEV	17	12.2	272	46	混合臂	汽车轮式	有
	TAG5130JGK06	18.9	12.3	272	46	混合臂	汽车轮式	有
	TAG5130JGK06	20.6	13.4	272	46	混合臂	汽车轮式	有
	TAG5130JGK07	19.1	12.3	272	46	混合臂	汽车轮式	有
	TAG5130JGK07	20.6	13.4	272	46	混合臂	汽车轮式	有
	TAG5140JGK06	17.5	13.4	280	46	混合臂带小拐臂	汽车轮式	有
	TAG5180JGK06	25	14.8	363	69	混合臂	汽车轮式	有
	AT40-GW	13.3	9.7	200	46	混合臂	塑胶履带式	无
	TDA58	19.4	11.6	200	46	混合臂	塑胶履带式	无
	AT37-G	13.2	9.2	159	46	混合臂	汽车轮式	有
特雷克斯（中国）投资有限公司	LT40	13.8	9	181	46	混合臂（折叠伸缩式）	轮式	原装进口，无国内报告
	L13i	12.6	6.1	200	46	混合臂（折叠伸缩式）	轮式	原装进口，无国内报告
	TL37	11.9	8.7	158	46	混合臂（折叠伸缩式）	履带式	原装进口，无国内报告
	TL41	13.1	9.5	158	46	混合臂（折叠伸缩式）	履带式	原装进口，无国内报告
	TL45	14.3	9.5	158	46	混合臂（折叠伸缩式）	履带式	原装进口，无国内报告
	TL50	15.8	11	158	46	混合臂（折叠伸缩式）	履带式	原装进口，无国内报告
	TL55	17.7	11.7	158	46	混合臂（折叠伸缩式）	履带式	原装进口，无国内报告

企业名称	型号规格	最大作业高度/m	最大作业幅度/m	工作斗额定载荷/kg	工作电压等级/kV	臂架结构型式	底盘行走型式	型式试验报告
特雷克斯（中国）投资有限公司	TL37	13.1	9	182.5	46	混合臂（折叠伸缩式）	轮式	原装进口，无国内报告
	TL41	14.3	9.8	182.5	46	混合臂（折叠伸缩式）	轮式	原装进口，无国内报告
	TL45	15.2	9.9	182.5	46	混合臂（折叠伸缩式）	轮式	原装进口，无国内报告
	TL50	16.6	11.2	272.2	46	混合臂（折叠伸缩式）	轮式	原装进口，无国内报告
	TL55	18.3	11.7	272.2	46	混合臂（折叠伸缩式）	轮式	原装进口，无国内报告
	TL60	19.8	12.2	272.2	46	混合臂（折叠伸缩式）	履带式或轮式	原装进口，无国内报告
	TL17i	17.3	12.9	220	46	混合臂＋小拐臂	履带式或轮式	原装进口，无国内报告
	LTM40	13.6	9.4	181	46	混合臂（折叠伸缩式）	履带式或轮式	原装进口，无国内报告
	SC42	14.5	10.6	181	46	折叠式（超越中心）	履带式或轮式	原装进口，无国内报告
	SC45	15.4	11.5	181	46	折叠式（超越中心）	履带式或轮式	原装进口，无国内报告
	HR37	13	9.1	159	46	折叠式（超越中心）	履带式或轮式	原装进口，无国内报告
	HR40	14	10.5	159	46	折叠式（超越中心）	履带式或轮式	原装进口，无国内报告
	HR46	15.5	12.3	318	46	折叠式（超越中心）	履带式或轮式	原装进口，无国内报告
	HR50	16.8	13.2	318	46	折叠式（超越中心）	履带式或轮式	原装进口，无国内报告

企业名称	型号规格	最大作业高度/m	最大作业幅度/m	工作斗额定载荷/kg	工作电压等级/kV	臂架结构型式	底盘行走型式	型式试验报告
特雷克斯（中国）投资有限公司	HR55	18.3	14.7	318	46	折叠式（超越中心）	履带式或轮式	原装进口，无国内报告
	HRX50	16.8	13.2	318	46	折叠式（超越中心）	履带式或轮式	原装进口，无国内报告
	HRX55	18.3	14.7	318	46	折叠式（超越中心）	履带式或轮式	原装进口，无国内报告
	HRX60	19.8	16.2	318	46	折叠式（超越中心）	履带式或轮式	原装进口，无国内报告
	SCM55	18.3	14.1	317.5	46	折叠式（超越中心）	履带式或轮式	原装进口，无国内报告
	XT PRO 56	18.6	13.9	181	46	折叠式（超越中心）	履带式或轮式	原装进口，无国内报告
	XT PRO 60	19.8	15.2	181	46	折叠式（超越中心）	履带式或轮式	原装进口，无国内报告
	XT PRO 60/70	22.9	15.2	181	46	折叠式（超越中心）	履带式或轮式	原装进口，无国内报告
	OM46	15.7	11.9	272.2	46	折叠式（超越中心）	履带式或轮式	原装进口，无国内报告
	OM50	16.6	12.8	272.2	46	折叠式（超越中心）	履带式或轮式	原装进口，无国内报告
	OM52	17.4	13.4	272.2	46	折叠式（超越中心）	履带式或轮式	原装进口，无国内报告
	OM55	18.3	14.3	272.2	46	折叠式（超越中心）	履带式或轮式	原装进口，无国内报告
	OM57	18.9	14.8	272.2	46	折叠式（超越中心）	履带式或轮式	原装进口，无国内报告
	TC65	21.3	12.7	318	46	折叠式（非过中心）	履带式或轮式	原装进口，无国内报告

续表

企业名称	型号规格	最大作业高度/m	最大作业幅度/m	工作斗额定载荷/kg	工作电压等级/kV	臂架结构型式	底盘行走型式	型式试验报告
特雷克斯（中国）投资有限公司	TC50	16.8	12	318	46	折叠式（非过中心）	履带式或轮式	原装进口，无国内报告
	TC55	18.3	13	318	46	折叠式（非过中心）	履带式或轮式	原装进口，无国内报告
	TCX50	16.8	12	318/363（可选择）	46	折叠式（非过中心）	履带式或轮式	原装进口，无国内报告
	TCX55	18.3	13	318/363（可选择）	46	折叠式（非过中心）	履带式或轮式	原装进口，无国内报告
	TCX60	19.8	14.1	318/363（可选择）	46	折叠式（非过中心）	履带式或轮式	原装进口，无国内报告
西安鑫烁电力科技有限公司	XS-DBC1	17	11	272	46	混合式	轮式	无
	XS-DBC2	17	11	272	46	混合臂	轮式	无
	XS-DBC3	20	12	272	46	混合式	轮式	无
	XS-DBC4	25	13.9	272	46	混合式	轮式	无
徐州徐工随车起重机有限公司	XZJ5151JGKZ5	21	13.3	272	35	混合臂	汽车底盘	无
	XZJ5061JGKK5	14	9	200	10	混合臂	汽车底盘	无
	XZJ5111JGKD5	17.5	11.3	272	35	混合臂	汽车底盘	无
	XZJ5141JGKZ5	20.5	12.5	272	35	混合臂	汽车底盘	无
	GTBZ12A	13	9	200	10	混合臂	履带底盘	无
	GTBZ14A	14.2	9.2	200	10	混合臂	履带底盘	无
	XZJ5124JGKD5	18.2	11.3	272	35	混合臂	汽车底盘	无
	XZJ5063JGKQ5	15	9.3	200	10	混合臂	汽车底盘	无

2　旁路作业车

适用电压等级　　10kV

用途

　　用于10kV配网不停电作业中的旁路作业设备装载、运输、展放及存储。

执行标准

GB 1589　道路车辆外廓尺码、轴荷及质量限值

GB 7258　机动车运行安全技术条件

GB/T 18857　配电线路带电作业技术导则

DL/T 879　带电作业用便携式接地和接地短路装置

GJB 79A　厢式车通用规范

相关标准技术性能要求

1. 承载设备：①定置装载 10kV 旁路柔性电缆，电缆收放装置应定置装载不少于 18 盘（截面 50mm²、单条长度不大于 50m）旁路柔性电缆；②设备装载用于定置存放（除旁路柔性电缆之外的）旁路负荷开关、转接电缆、电缆连接器等全部旁路作业设备部件。

2. 操作方式：①电动或液压机构驱动收、放旁路柔性电缆的功能；②手动收、放旁路柔性电缆的功能；③现场快速拆解电缆卷盘的功能。

3. 综合性能：①夜间作业现场照明功能；②车辆存放辅助支撑装置；③整车接地装置。

参考图片及参数

企业名称	型号规格	底盘型号及厂家	发动机型号及厂家	燃料种类	车厢布局形式	外形尺寸/(mm×mm×mm)	主要特点	型式试验报告
青岛索尔汽车有限公司	QJM5100XXH	QL1100A8LAY 庆铃汽车股份有限公司	庆铃五十铃（重庆）发动机有限公司	柴油	回转圆盘循环递送机构＋工具存储仓	7995×2430×3700	厢体可放置电缆附件及旁路开关等。设有自动电缆收放装置、18盘电缆。同轴及单盘自动收放线、同轴具有可拆卸功能、整车配有长排工程灯	有
山东泰开汽车制造有限公司	TAG5120XGC	DFL1160BXIV 东风汽车有限公司	东风康明斯发动机有限公司	柴油	—	8630×2550×3552	结构紧凑、操作方便、自重轻、质量稳定可靠、噪音低、大面积使用环保隔音材料、免交购置税。	有
青岛中汽特种汽车有限公司	QDT5130XXHS	ZZ1167K501GE1	—	柴油	框架结构，分仓布局	8380×2485×3920	1. 驾驶室顶端的导流罩为选装件、车厢顶部密封、不可开启。 2. 该车采用4500mm轴距底盘、侧面工具箱起到侧防护作用、后防护装置为裙板式结构、防护装置材料为Q235、后防护下缘离地高度500mm。随底盘安装ABS、ABS系统型号为460046300、生产企业为威伯科汽车控制系统（中国）有限公司。 3. 该车主要用于国家电网电缆线路的检修作业、车内安装工旁路电缆收放装置、旁路开关、箱式变压器等设备	有

续表

企业名称	型号规格	底盘型号及厂家	发动机型号及厂家	燃料种类	车厢布局形式	外形尺寸/(mm×mm×mm)	主要特点	型式试验报告
青岛中汽特种汽车有限公司	QDT5140XXHS	ZZ1167K501GE1	—	柴油	框架结构、分仓布局	8400×2485×3790	1. 该车采用4500mm轴距底盘，侧面工具箱起到防护装置作用。 2. 后防护装置材料为Q235，连接方式为螺栓连接，后部防护装置截面尺寸为260×70mm，离地高度为430mm。 3. 专用装置为抢险作业上装，型号为TA60、TA55，生产企业为美国阿尔泰克工业公司。随底盘安装ABS，ABS系统型号为460046300。生产企业为威伯科汽车控制系统（中国）有限公司。工作平台选装TA60和TA55，支撑装置选装A型支腿和H型支腿	有
武汉乐电电力有限公司	JDA5100XDYQL5	QL1100A8MAY 庆铃汽车股份有限公司	4HK1-TC51 庆铃五十铃（重庆）发动机有限公司	柴油	布缆机构＋工具存储仓	8200×2450×3500	1. 可装载18~24盘旁路电缆、遥控操作，可单独收放电缆，也可3盘同时收放电缆。 2. 卷盘全循环控制，并配备自动锁紧机构。 3. 配备随车起吊装置	无
	JDA5120XDYDF5	DFL1120B21 东风汽车有限公司	ISB180 50 东风康明斯发动机有限公司	柴油	布缆机构＋工具存储仓	7900×2500×3760	1. 可装载18~24盘旁路电缆、遥控操作，可单独收放电缆，也可3盘同时收放电缆。 2. 卷盘全循环控制，并配备自动锁紧机构。 3. 配备随车起吊装置	无

3 电源车（发电车）

适用电压等级　10kV/0.4kV

用途

为 10kV/0.4kV 配电系统提供应急电源。

执行标准

GB 1589　道路车辆外廓尺码、轴荷及质量限值

GB 2820　柴油发电机标准

GB 7258　机动车运行安全技术条件

GB/T 2819　移动电站通用技术条件

GB/T 4712　自动化柴油发电机组分级要求

GB/T 16927　高电压试验技术一般定义及试验要求

GB/T 18857　配电线路带电作业技术导则

DL/T 879　带电作业用便携式接地和接地短路装置

GJB 79A　厢式车通用规范

相关标准技术性能要求

1. 承载设备：①车载设备主要包括发电机组、保护系统、供油系统、输出电缆等；②辅助系统包括电气、照明、接地、液压、安全保护等系统；③配备电缆卷盘。

2. 电源车（发电车）的通过性应不低于原车的性能指标；应有可靠的制动装置，其制动性能分别符合原车和指定索引车的有关规定。发电机组在规定条件下应能正常启动，输出规定功率并可靠地工作，连续运行时间不低于12h。发电机组空载电压整定范围应不小于 95％～105％ 的额定电压。发电机组应有绝缘监视装置、接地装置，有过载、短路、逆功率保护等完善的保护措施，发电机组的平均故障间隔时间不低于 250h。

参考图片及参数

企业名称	型号规格	发电机组输出功率/kW	输出电压/kV	底盘型号及厂家	燃料种类	外形尺寸/(mm×mm×mm)	主要特点	型式试验报告
山东泰开汽车制造有限公司	TAG5071XDY	100	0.4	QL1071A5KAY 庆铃汽车股份有限公司	柴油	6450(6800)×2000(2050)×2800(3000、3300)	结构紧凑、操作方便、自重轻、质量稳定可靠、噪声低、大面积使用降噪材料、可选机组使用环保品牌多样、免交购置税	有
	TAG5100XDY	200	0.4	QL1100A8PAY 庆铃汽车股份有限公司	柴油	8450×2200(2300)×3150(3250、3340)	结构紧凑、操作方便、自重轻、质量稳定可靠、噪声低、大面积使用降噪材料、可选机组使用环保品牌多样、免交购置税	有
	TAG5161XDY	400	0.4	DFL5160XXYBX2V 东风商用车有限公司	柴油	9900×2500(2550)×3760(3860)	结构紧凑、操作方便、自重轻、质量稳定可靠、噪声低、大面积使用降噪材料、可选机组使用环保品牌多样、免交购置税	有
	TAG5162XDY	400	0.4	QL1160VQFRY 庆铃汽车股份有限公司	柴油	9360(9900)×2500(2550)×3600(3860)	结构紧凑、操作方便、自重轻、质量稳定可靠、噪声低、大面积使用降噪材料、可选机组使用环保品牌多样、免交购置税	有
	TAG5180XDY	500	0.4	QL1180XQFRY 庆铃汽车股份有限公司	柴油	8990(9360、9935)×2500(2550)×3600(3860、3940)	结构紧凑、操作方便、自重轻、质量稳定可靠、噪声低、大面积使用降噪材料、可选机组使用环保品牌多样、免交购置税	有
	TAG5200XDY	500	0.4	DFL1250A13 东风商用车有限公司	柴油	9870(10750、10980)×2500(2550)×3780(3860、3980)	结构紧凑、操作方便、自重轻、质量稳定可靠、噪声低、大面积使用降噪材料、可选机组使用环保品牌多样、免交购置税	有

161

续表

企业名称	型号规格	发电机组输出功率/kW	输出电压/kV	底盘型号及厂家	燃料种类	外形尺寸/(mm×mm×mm)	主要特点	型式试验报告
山东泰开汽车制造有限公司	TAG5250XDY	600	0.4	DFL1250A13 东风商用车有限公司	柴油	9870 (10750、10980) ×2500 (2550) ×3780 (3860、3980)	结构紧凑、操作方便、自重轻、质量稳定可靠、可选机组品牌多样、噪声低、大面积使用环保隔音降噪材料、免交购置税	有
	TAG5251XDY	400	0.4	DFL1250A13 东风商用车有限公司	柴油	9870 (10750、10980) ×2500 (2550) ×3780 (3860、3950)	结构紧凑、操作方便、自重轻、质量稳定可靠、可选机组使用环保隔音降噪材料、免交购置税	有
	TAG5310XDY	800	0.4	DFH1310A1 东风商用车有限公司	柴油	11485 (11985) ×2550 ×3750 (3860、3980)	结构紧凑定可靠、操作方便、自重轻、质量稳定可靠、可选机组使用环保隔音降噪材料、免交购置税	有
	HDX9403XDY	1600~2400	10	龙岩市海德馨汽车有限公司	柴油	13400×2550×4000	半挂车	无
	HDX9403XDY	1600~2400	10	龙岩市海德馨汽车有限公司	柴油	13500×2550×4000	半挂车	无
龙岩市海德馨汽车有限公司	HDX5170XZMC5MNC0	200	0.4	德国曼恩商用车辆股份有限公司	柴油	9800×2550×4000	可装配16个以上灯头	无
	HDX5080XZMC5QLC0	80	0.4	QL1100A8PAY 庆铃汽车股份有限公司	柴油	7900×2200×3300	可装配12个升降照明灯	无
	HDX5060XZMC5QLC0	60	0.4	QL1070A5HAY 庆铃汽车股份有限公司	柴油	6200×2100×3150	可装配6个升降照明灯	无
	HDX5140XXHC5VVC0	300	0.4	Volvo Power Train 沃尔沃动力系统公司	柴油	9000×2550×3860	—	无

续表

企业名称	型号规格	发电机组输出功率/kW	输出电压/kV	底盘型号及厂家	燃料种类	外形尺寸/(mm×mm×mm)	主要特点	型式试验报告
龙岩市海德馨汽车有限公司	HDX5256XDY	800	0.4	DFL1250A13 东风商用车有限公司	柴油	10870×2500×2550	—	无
	HDX5160XDYC5QLC0	400	0.4	QL1160VQFRY 庆铃汽车股份有限公司	柴油	9850×2490×2550	—	无
	HDX5080XDYC5DFC0	160	0.4	EQ1080SJ8BDC 东风商用车有限公司	柴油	6930×2100×2200	—	无
	HDX5140XDYC5QLC0	330	0.4	QL1160VQFRY 庆铃汽车股份有限公司	柴油	9850×2490×2550	—	无
	HDX5167XDY	400	0.4	DFL5160XXYBX2V 东风商用车有限公司	柴油	9870×2500×2550	—	无
	HDX5310XDYC5DFC0	1000	0.4	DFH1310A1 东风商用车有限公司	柴油	11980×2500×2550	—	无
	HDX5180XDYC5QLC0	450	0.4	QL1180XQFRY 庆铃汽车股份有限公司	柴油	9850×2490×2550	—	无
	HDX5120XDYC5DFC0	200	0.4	DFL1120B21 东风商用车有限公司	柴油	8890×2370×2500	—	无
	HDX5180XDYC5DFC0	450	0.4	DFH5180XXYBX2DV 东风商用车有限公司	柴油	10200×2500×2550	—	无
	HDX5160XDYC5JHC0	400	0.4	HFC5181XXYP3K2A47V 安徽江淮汽车股份有限公司	柴油	9870×2500×2550	—	无
	HDX5290XDYC5DFC0	900	0.4	DFH1310A1 东风商用车有限公司	柴油	11980×2500×2550	—	无

续表

企业名称	型号规格	发电机组输出功率/kW	输出电压/kV	底盘型号及厂家	燃料种类	外形尺寸/(mm×mm×mm)	主要特点	型式试验报告
龙岩市海德馨汽车有限公司	HDX5250XDYC5JHC0	800	0.4	HFC1251P2K3E43V 安徽江淮汽车股份有限公司	柴油	10030×2500×2550	—	无
	HDX5200XDYC5QLC0	600	0.4	QL1250WPFZY 庆铃汽车股份有限公司	柴油	9850×2490×2550	—	无
	HDX5040XDYC5QLC0	55	0.4	QL1040A5HAY 庆铃汽车股份有限公司	柴油	5950×1880×2750	—	无
	HDX5251XDYC5QLC0	800	0.4	QL1250WTFZY 庆铃汽车股份有限公司	柴油	10980×2500×2550	—	无
	HDX5105XDY	200	0.4	DFL1120B21 东风商用车有限公司	柴油	8450×2370×2500	—	无
	HDX5070XDYC5QLC0	120	0.4	QL1071A5KAY 庆铃汽车股份有限公司	柴油	6900×2000×2800	—	无
	HDX5310XDYC5ZQC0	1000	0.4	ZZ1317N466GE1 中国重汽集团济南卡车股份有限公司	柴油	11900×2550×3490	—	无
	HDX5201XDY	550	0.4	DFL1250A13 东风商用车有限公司	柴油	9870×2500×2550	—	无
	HDX5220XDYC5DFC0	640	0.4	DFL1250A13 东风商用车有限公司	柴油	10850×2500×2550	—	无
	HDX5101XDYC5QLC0	200	0.4	QL1100A8KAY 庆铃汽车股份有限公司	柴油	6970×2200×2250	—	无

续表

企业名称	型号规格	发电机组输出功率/kW	输出电压/kV	底盘型号及厂家	燃料种类	外形尺寸/(mm×mm×mm)	主要特点	型式试验报告
	HDX5180XDYC5JHC0	500	0.4	HFC5181XXYP3K2A47V 安徽江淮汽车股份有限公司	柴油	9870×2500×2550	—	无
	HDX5070XDYC5DFC0	100	0.4	EQ1070SJ3BDF 东风汽车股份有限公司	柴油	6300×2000×3000	—	无
	HDX5040XDYC5JLC0	50	0.4	JX1041TG25 江铃汽车股份有限公司	柴油	5990×2000×2600	—	无
	HDX5141XDY	300	0.4	DFL5160XXYBX2V 东风商用车有限公司	柴油	9870×2500×2550	—	无
龙岩市海德馨汽车有限公司	HDX5040XDYC5YWC0	50	0.4	NJ1045DFCZ 南京汽车集团有限公司	柴油	5980×2000×2550	—	无
	HDX5202XDY	600	0.4	QL1250DPFZY 庆铃汽车股份有限公司	柴油	9850×2490×2550	—	无
	HDX5104XDY	200	0.4	QL11019PARY 庆铃汽车股份有限公司	柴油	8970×2200×2300	—	无
	HDX5200XDY	560	0.4	DFL1250A11 东风商用车有限公司	柴油	9870×2500×3860	—	无
	HDX5168XDY	400	0.4	QL11609QFRY 庆铃汽车股份有限公司	柴油	9360×2490×3600	—	无
	HDX5310XDY	1000	0.4	DFL1311A10 东风商用车有限公司	柴油	11980×2500×3880	—	无

续表

企业名称	型号规格	发电机组输出功率/kW	输出电压/kV	底盘型号及厂家	燃料种类	外形尺寸/(mm×mm×mm)	主要特点	型式试验报告
龙岩市海德馨汽车有限公司	HDX5070XDY	120	0.4	QL1070A1KA1Y 庆铃汽车股份有限公司	柴油	6900×2000×3150	—	无
	HDX5252XDY	800	0.4	DFL5160XXYBX2V 东风商用车有限公司	柴油	10980×2500×3600	—	无
	HDX5040XDYC5YWC0	50	0.4	NJ1045DFCZ 南京汽车集团有限公司	柴油	5980×2000×2550	—	无
	HDX5202XDY	500	0.4	QL1250DPFZY 庆铃汽车股份有限公司	柴油	9850×2490×2550	—	无
	HDX5104XDY	200	0.4	QL1019PARY 庆铃汽车股份有限公司	柴油	8450×2200×2300	—	无
	HDX5200XDY	500	0.4	DFL1250A11 东风商用车有限公司	柴油	9870×2500×3860	—	无
	HDX5168XDY	400	0.4	QL11609QFRY 庆铃汽车股份有限公司	柴油	9360×2490×3600	—	无
	HDX5310XDY	1000	0.4	DFL1311A10 东风商用车有限公司	柴油	11980×2500×3880	—	无
	HDX5252XDY	800	0.4	QL1250DTFZY 庆铃汽车股份有限公司	柴油	10980×2500×3600	—	无
	HDX5041XDY	55	0.4	QL1040A1HAY 庆铃汽车股份有限公司	柴油	5950×1880×2750	—	无
	HDX5165XDY	400	0.4	QL1160AQFRY 庆铃汽车股份有限公司	柴油	9850×2490×3600	—	无

续表

企业名称	型号规格	发电机组输出功率 /kW	输出电压 /kV	底盘型号及厂家	燃料种类	外形尺寸 /(mm×mm×mm)	主要特点	型式试验报告
龙岩市海德馨汽车有限公司	HDX5251XDY	800	0.4	QL1250DPFZY 庆铃汽车股份有限公司	柴油	9850×2490×3600	—	无
	HDX5101XDY	200	0.4	QL11009PARY 庆铃汽车股份有限公司	柴油	8450×2200×3330	—	无
	HDX5254XDY	800	0.4	DFL1250A12 东风商用车有限公司	柴油	10980×2500×3650	—	无
	HDX5251TDY	800	0.4	DFL1250A11 东风商用车有限公司	柴油	9870×2500×3860	—	无
	HDX5140XDY	300	0.4	QL11409QFR 庆铃汽车股份有限公司	柴油	9850×2490×3750	—	无
	HDX5164XDY	400	0.4	DFL5160XXYBX1A 东风商用车有限公司	柴油	9870×2490×3860	—	无
	HDX5103XDY	200	0.4	QL11009KARY 庆铃汽车股份有限公司	柴油	6970×2200×3250	—	无
	HDX5163TDY	400	0.4	DFL5160XXYBX1A 东风商用车有限公司	柴油	9870×2490×3860	—	无
	HDX5160XDYC5QLC1	400	0.4	QL1180XQFRY 庆铃汽车股份有限公司	柴油	9850×2490×3860	—	无

4 移动箱变车

适用电压等级 10kV

用途

1. 快速搭建 10kV/0.4kV 高低压临时供电系统。
2. 不停电更换 10kV 变压器。

执行标准

GB 1589 道路车辆外廓尺寸、轴荷和质量限值

GB 3804 3～63kV 交流高压负荷开关

GB 7251.1 低压成套开关设备和控制设备

GB 7258 机动车运行安全技术条件

GB 7594 电线电缆橡皮绝缘和橡皮护套

GB 17467 组合箱式变电站技术条件

GB 50150 电气设备交接试验标准

GB/T 2819 移动电站通用技术条件

GB/T 6451 三相油浸式电力变压器技术参数和要求

GB/T 16927.1 高电压试验技术

GB/T 18857 配电线路带电作业技术导则

GJB 79A 厢式车通用规范

相关标准技术性能要求

1. 承载设备：①车载设备主要包括变压器、负荷开关、旁路柔性电缆、低压配电屏；②辅助系统主要包括电气、照明、接地、液压、安全保护等系统；③配备柔性电缆、低压电缆卷盘。

2. 运行负荷：①高压采用快速接口；②配电变压器容量为 250～630kVA。

3. 综合性能：①具备相位检测功能；②高压环网功能；③夜间作业现场照明功能；④车辆存放辅助支撑装置；⑤整车接地装置。移动箱变车应采用分舱设计，设有驾乘区、高低压设备区、旁路柔性电缆输放区和操作区。

参考图片及参数

企业名称	型号规格	变压器容量/kVA	变压器绝缘型式	工作斗额定载荷/kg	接线组别	底盘型号及厂家	燃料种类	外形尺寸/(mm×mm×mm)
武汉乐电电力有限公司	JDA5100XDYQL5	800以下、用户指定	干式	—	Dyn11/Yyno	QL1100A8MAY 庆铃汽车股份有限公司	柴油	8200×2450×3500
	JDA5120XDYDF5	800以下、用户指定	干式	—	Dyn11/Yyno	ISB180 50 东风康明斯发动机有限公司	—	7900×2500×3760
青岛索尔汽车有限公司	QJM5101XXH	630	干式	—	Dyn11	QL1100A8LAY 庆铃汽车股份有限公司	柴油	7995×2430×3700
山东泰开汽车制造有限公司	TAG5140XGC	630	干式	—	Dyn11	DFL1160BX1V 东风商用车有限公司	柴油	8050 (8400) ×2480 (2550) ×3550 (3740)
山东泰开汽车制造有限公司	TAG5250XGC	2000	油浸	—	Dyn11	DFL1250A13 东风商用车有限公司	柴油	10885×2550×3950
青岛中汽特种汽车有限公司	QDT5131XXHS	400	干式	—	Dyn11	ZZ1167K501GE1	柴油	8380×2485×3920

5　工器具库房车

适用电压等级　通用

用途

用于运输、存储配电带电作业工器具。

执行标准

GB 1589　道路车辆外廓尺码、轴荷及质量限值

GB 2099.1　家用和类似用途插头插座

GB 7258　机动车运行安全技术条件

GB/T 1332　载货汽车定型试验规程

GB/T 2819　移动电站通用技术条件

GB/T 4798.5　电工电子产品应用环境条件

GB/T 18857　配电线路带电作业技术导则

GB/T 25725　带电作业工具专用车

GJB 79A　厢式车通用规范

DL/T 879　带电作业用便携式接地和接地短路装置

DL/T 974　带电作业用工具库房

DL/T 1145　绝缘工具柜

相关标准技术性能要求

1. 工具库房车主要由车辆平台、工具仓、辅助系统等组成。其中：车辆平台包括车辆底盘、厢体（车厢）结构等；工具仓包括车载除湿机、加热器、车载空调、车载发电机等；辅助系统包括供电系统、独立空调、安全保护、警示、防护、照明系统等。

2. 工具库房车应具有温湿度调节、车内照明、通风、烟雾报警、应急发电功能。

3. 工具库房车工具仓储存温度应控制在 10～28℃ 之间，湿度不大于 60％。运输工具时和在工作现场使用时应保证仓内外温差不大于 5℃。

4. 工具库房车的工具舱尺寸应满足的要求：①基本型：长不小于 1600mm，宽不小于 1850mm，高不小于 1750mm；②扩展型：长不小于 2400mm，宽不小于 1850mm，高不小于 1750mm。

参考图片及参数

企业名称	型号规格	底盘型号及厂家	燃料种类	外形尺寸 /(mm×mm×mm)	主要特点	型式试验报告
青岛索尔汽车有限公司	QJM5043XXH	JX6651T－N5 江铃汽车股份有限公司	柴油	6503×2095×2825 (2910、3015、3100)	1. 工具存放定制货架及环境智能测控。2. 作业现场环境监测。3. 现场应急照明。4. 应急发电电源。5. RFDI工器具管理、远程数据传输报警。6. GPS车载定位及导航	有
	QJM5033XXH	JX6541PA－M5 江铃汽车股份有限公司	汽油	5496 (5696) × 1974×2850 (2910、3015、3140)	1. 工具存放定制货架及环境智能测控。2. 作业现场环境监测。3. 现场应急照明。4. 应急发电电源。5. RFDI工器具管理、远程数据传输报警。6. GPS车载定位及导航	有
	QJM5071XXH	EQ6600ZTV 东风特种汽车有限公司	柴油	5980×2060×2890 (2930、3000、3120)	1. 工具存放定制货架及环境智能测控。2. 现场应急照明。3. 应急发电电源。4. 能以10km/h的车速通过水深为1.1m的涉水池，发动机未出现熄火，车厢内没有渗漏水现象。5. 涉水过程中及涉水后无漏电、短路现象，所有电器件均能正常工作。	有
	QJM5042XXH	NJ2045GCF2P 南京汽车集团有限公司	柴油	5995×2080×2990 (3030、3190、3300)	1. 工具存放定制货架及环境智能测控。2. 作业现场环境监测。3. 现场应急照明。4. 应急发电电源。5. RFDI工器具管理、远程数据传输报警。6. GPS车载定位及导航	有

续表

企业名称	型号规格	底盘型号及厂家	燃料种类	外形尺寸 /(mm×mm×mm)	主要特点	型式试验报告
青岛索尔汽车有限公司	QJM5031XXH	QL1030ABGDB 庆铃汽车股份有限公司	汽油	5210（5460）×1690 ×1900（2135）	1. 工具存放定制货架及环境智能测控。 2. 作业现场环境监测。 3. 现场应急照明。 4. 应急发电电源。 5. RFDI工器具管理、远程数据传输报警。 6. GPS车载定位及导航	有
	QJM5052XXH	NJ1055DGCS 南京汽车集团有限公司	柴油	6520（6920）×2000 ×（2690，2890）	1. 工具存放定制货架及环境智能测控。 2. 作业现场环境监测。 3. 现场应急照明。 4. 应急发电电源。 5. RFDI工器具管理、远程数据传输报警。 6. GPS车载定位及导航	有
	QJM5034XXH	ZN1035UCK5 郑州日产汽车有限公司	汽油	5263×1850× 2080（2175，2280）	1. 工具存放定制货架及环境智能测控。 2. 作业现场环境监测。 3. 现场应急照明。 4. 应急发电电源。 5. GPS车载定位及导航	有
	QJM5034XXH1	ZN1035UCK5 郑州日产汽车有限公司	汽油	5263×1850×1930 （2070，2165，2250）	1. 工具存放定制货架及环境智能测控。 2. 作业现场环境监测。 3. 现场应急照明。 4. 应急发电电源。 5. GPS车载定位及导航	有

企业名称	型号规格	底盘型号及厂家	燃料种类	外形尺寸/(mm×mm×mm)	主要特点	型式试验报告
	QJM5035XXH	ZN1033UCN5B 郑州日产汽车有限公司	汽油	5095×1820×1955 (2120, 2200, 2370)	1. 工具存放定制货架及环境智能测控。 2. 作业现场环境监测。 3. 现场应急照明。 4. 应急发电电源。 5. GPS车载定位及导航	有
	QJM5045XXH	NJ6605DC 南京汽车集团有限公司	柴油	5990×2000×2950 (3000, 3150, 3250)	1. 工具存放定制货架及环境智能测控。 2. 作业现场环境监测。 3. 现场应急照明。 4. 应急发电电源。 5. RFDI工器具管理、远程数据传输报警。 6. GPS车载定位及导航	有
青岛索尔汽车有限公司	QJM5081XXH	EQ6680ZTV 东风特种汽车有限公司	柴油	6800 (6900) ×2320×3010 (3200, 3350)	1. 工具存放定制货架及环境智能测控。 2. 现场应急照明。 3. 应急发电电源。 4. 能以10km/h的车速通过水深为1.1m的涉水池、发动机未出现熄火、车厢内没有出现渗漏水现象。 5. 涉水过程中及涉水后无漏电、短路现象，所有电器件均能正常工作	有
	QJM5044XXH	NJ6565DCM 南京汽车集团有限公司	柴油	5490 (5580) ×2000×2970 (3020, 3170, 3270)	1. 工具存放定制货架及环境智能测控。 2. 作业现场环境监测。 3. 现场应急照明。 4. 应急发电电源。 5. RFDI工器具管理、远程数据传输报警。 6. GPS车载定位及导航	有

续表

企业名称	型号规格	底盘型号及厂家	燃料种类	外形尺寸/(mm×mm×mm)	主要特点	型式试验报告
武汉奋进电力技术有限公司	QJM5043XXH	—	柴油	6505×2095×3100		有
	QJM5033XXH	—	汽油	5696×1974×3140		有
	QJM5042XXH	—	柴油	5995×2080×3300	1. 工具存放定制货架及环境智能测控。 2. 作业环境监测。 3. 现场应急照明。 4. 应急发电电源。 5. RFID工器具管理、远程数据传输报警。 6. GPS车载定位及导航	有
	QJM5045XXH	—	柴油	5990×2000×3250		有
	QJM5071XXH	—	柴油	5980×2060×3120		有
	QJM5081XXH	—	柴油	6900×2320×3350		有
	QJM5044XXH	—	柴油	5585×2000×3270		有
西安鑫烁电力科技有限公司	XS－KCF1	NJ5044XXYDC 南京依维柯汽车有限公司	柴油	5900×2000×2800	1. 工具存放定制货架及环境智能测控。 2. 作业现场环境监测。 3. 现场应急照明。 4. 应急发电电源。 5. RFDI工器具管理、远程数据传输报警。 6. GPS车载定位及导航	无
	XS－KCF2	ZN6494H2G4 日产	汽油	4949×1690×1875		无
	QNPZC	郑州日产/江铃/依维柯/五十铃	柴油/汽油	5625×1825×2230； 5780×2000×2860； 5999×2011×3161； 5900×2080×3040	1. 车载升降照明灯系统； 2. 车载视频及远距离传输系统； 3. 准用工具存放、存储柜； 4. 车载工具在位检测系统； 5. 车载无线通讯系统	无
龙岩市海德勒汽车有限公司	HDX5150XXHC5MNC1	德国曼恩商用车辆股份公司	柴油	9500×2500×3500	进口底盘	无
	HDX5140XXHC5BCC0	戴姆勒股份公司	柴油	8700×2500×3600	进口底盘	无
	HDX5140XXHC5VVC0	沃尔沃动力系统公司	柴油	9000×2550×3860	进口底盘	无

6　绝缘多功能作业车

适用电压等级　　10kV

用途

1. 用于开挖杆坑、起吊电杆等施工作业。
2. 也可用于配电线路带电作业。

执行标准

GB 7258　机动车运行安全技术条件

GB 25849　移动式升降工作平台-设计计算、安全要求和测试方法

GB/T 9465　高空作业车

GB/T 13035　带电作业用绝缘绳索

GB/T 18857　配电线路带电作业技术导则

DL/T 854　带电作业用绝缘斗臂车的保养维护及在使用中的试验

DL/T 879　带电作业用便携式接地和接地短路装置

相关标准技术性能要求

1. 电气性能：

（1）绝缘性能：①外斗：工频耐压 100kV/1min；层向耐压 45kV/1min；交流泄漏电流：0.4m、20kV、不大于 200μA；②内斗：工频耐压 50kV/5min。

（2）绝缘臂工频耐压：10kV、0.4m、100kV/1min；35kV、0.6m、150kV/1min；最小有效绝缘长度：10kV、1.0m；35kV、1.5m。交流泄漏电流：0.4m、20kV、不大于 200μA。

2. 机械性能：①额定载荷 1.5 倍静载荷试验合格；②承载 1.25 倍水平面额定载荷的动载稳定试验合格。

3. 整体性能：①满足作业高度 10～25m；满足作业幅度 4.5～14.5m；②满足绝缘斗承载 135～360kg；③满足小吊额定荷载 400～907kg；电杆杆坑挖掘，起吊电杆。

参考图片及参数

企业名称	型号规格	底盘行走形式	燃料种类	最大扶杆高度/m	最大钻孔直径/mm	最大钻孔作业深度/m	最大起吊能力/kg	工作斗载荷/kg
特雷克斯（中国）投资有限公司	C4042	履带式或轮式	柴油	13	508/762/914（可选择）	2.5（可选择）	13881	135
	C4045	履带式或轮式	柴油	13.9	508/762/914（可选择）	2.5（可选择）	12474	135
	C4047	履带式或轮式	柴油	14.4	508/762/914（可选择）	2.5（可选择）	11227	135
	C4050	履带式或轮式	柴油	15.4	508/762/914（可选择）	2.5（可选择）	11159	135
	C5045	履带式或轮式	柴油	13.9	508/762/914（可选择）	2.5（可选择）	13608	135
	C5048	履带式或轮式	柴油	14.8	508/762/914（可选择）	2.5（可选择）	13608	135
	C5050	履带式或轮式	柴油	15.4	508/762/914（可选择）	2.5（可选择）	13608	135
	C5052	履带式或轮式	柴油	16	508/762/914（可选择）	2.5（可选择）	13608	135
	C5055	履带式或轮式	柴油	16.9	508/762/914（可选择）	2.5（可选择）	13608	135
	C6054	履带式或轮式	柴油	16.5	508/762/914（可选择）	2.5（可选择）	19309	135
	C6060	履带式或轮式	柴油	18.3	508/762/914（可选择）	2.5（可选择）	17259	135
	G65	履带式或轮式	柴油	19.8	508/762/914（可选择）	2.5（可选择）	19101	135
	G80	履带式或轮式	柴油	24.5	508/762/914（可选择）	2.5（可选择）	22131	135
	G95	履带式或轮式	柴油	29.1	508/762/914（可选择）	2.5（可选择）	16171	135
山东泰开汽车制造有限公司	DB37	塑胶履带式	柴油	13.6	457	≥2.1	1724	136
	DB41B	塑胶履带式	柴油	14.8	457	≥3.2	2721	136
	D4065B	汽车轮式	柴油	20	762/914	≥4	13608	136
青岛中汽特种汽车有限公司	QDT5200TXGS	轮式	柴油	19.8	914	4	13608	136/226
	QDT5127GQXS045	轮式	柴油	—	—	—	—	—
西安鑫烁电力科技有限公司	XS - DGNC1	轮式	柴油	20	760	4	7000	272

7 无支腿绝缘斗臂车

适用电压等级 10kV

用途

用于配电架空线路带电作业

执行标准

GB 7258 机动车运行安全技术条件

GB/T 9465 高空作业车

GB/T 13035 带电作业用绝缘绳索

GB/T 18857 配电线路带电作业技术导则

GB/T 25849 移动式升降工作平台 设计计算、安全要求和测试方法

DL/T 879 带电作业用便携式接地和接地短路装置

相关标准技术性能要求

1. 机械性能：额定载荷 159kg。

2. 整体性能：①满足作业高度 10～25m；②满足作业幅度 4.5～14.5m；③最大载荷 181kg。

3. 电气性能：

电 气 性 能 要 求

| 试验项目 | 试验长度/m | 工频耐压试验 | | | | 泄漏电流试验 | | |
| | | 型式试验 | | 预防性试验（出厂试验） | | 型式试验 | | |
		试验电压/kV	耐压时间/min	试验电压/kV	耐压时间/min	试验电压/kV	加压时间/min	泄漏电流/mA
绝缘上臂	0.4	100	1	39	1	20	1	<200
绝缘内斗沿面	0.4	50	1	39	1	20	1	<200
绝缘外斗沿面	0.4	100	1	39	1	20	1	<200
整车绝缘	1.0	100	1	39	1	20	1	<500

参考图片及参数

企业名称	型号规格	底盘型号	最大作业高度/m	最大作业幅度/m	工作斗额定载荷/kg	臂架结构型式	底盘行走型式	燃油种类	支腿型式	型式试验报告	3C、免征
武汉里得电力科技股份有限公司	LDF550（EIC-40 IH）	福特 F550	13.7	9	159	混合臂	轮式	汽油	无支腿	有	具备

8 移动环网柜车

适用电压等级 10kV

用途

用于配网不停电作业线路作业

执行标准

GB/T 18857—2008 配电线路带电作业技术导则

GB 7258 机动车运行安全技术条件

GB/T 12706 额定电压 1kV（U_m＝1.2kV）到 35kV（U_m＝40.5kV）挤包绝缘电力电缆及附件

GB/T 14286 带电作业工具设备术语

GB/T 16927 高电压试验技术

GB 50150 电气装置安装工程电气设备交接试验标准

相关标准技术性能要求

1. 综合性能：

（1）旁路移动式环网柜车主要由底盘车、高压环网柜、控制系统、旁路高压电缆、快速插拔式可分离连接器、密封车厢、接地网、电气系统、随车工具及配件组成。

（2）采用全开放式车厢结构，货架采用模块化框架结构，充分利用各处空间。

（3）车厢设置可调照明系统，车外安装车顶云台灯，便于工器具存取与施工现场照明。

（4）装有隐藏式折叠收放登梯，使用方便，节省空间。

（5）该车环网柜及接头电缆承载装置能整体移出，做到一车多用，提高设备利用率。

（6）该车能装载五单元、六单元等多个单元环网柜。

2. 电气性能:

电 气 性 能 要 求

额定电压 /kV	工频耐压试验				组 成
	型式试验		预防性试验（出厂试验）		
	试验电压 /kV	耐压时间 /min	试验电压 /kV	耐压时间 /min	
10	45	1	30.5	1	由底盘车、四～六单元高压环网柜、控制系统、快速插拔式可分离连接器、密封车厢、接地网、电气系统、随车工具及配件组成

参考图片及参数

企业名称	型号规格	底盘型号及厂家	发动机及厂家	燃料种类	车厢布局型式	外形尺寸/mm	主要特点	型式试验报告	3C、免征
武汉里得电力科技股份有限公司	HXJ5040XXHQL	QL1040A5HWY 庆铃	4KH1CN5HS 庆铃五十铃	柴油	高压环网柜＋配件	5995×2000×2900	适用于狭窄道路、地下停车场等复杂环境下的保供电，可与移动箱变车、旁路作业车、应急发电车配套联合使用	有	具备

9 旁路开关车

适用电压等级 10kV

用途

用于配网不停电作业线路作业

执行标准

GB/T 18857 配电线路带电作业技术导则

GB 7258 机动车运行安全技术条件

GB/T 12706 额定电压 1kV（$U_m = 1.2kV$）到 35kV（$U_m = 40.5kV$）挤包绝缘电力电缆及其附件

GB/T 14286 带电作业工具设备术语

GB/T 16927 高电压试验技术

GB 50150 电气装置安装工程电气设备交接试验标准

相关标准技术性能要求

1. 综合性能：

（1）旁路开关车主要由底盘车、旁路负荷开关、旁路高压电缆、快速插拔式可分离连接器、密封车厢、接地网、随车工具及配件组成。

（2）可单独用做一个旁路系统，作业项目适用于范围在 100m 内。

（3）配有一台带核相仪的旁路负荷开关，可用于柱上开关的带电检修。

2. 电气性能：

电 气 性 能 要 求

额定电压 /kV	工频耐压试验				组　成
	型式试验		预防性试验（出厂试验）		
	试验电压 /kV	耐压时间 /min	试验电压 /kV	耐压时间 /min	
10	45	1	30.5	1	由底盘车、1 台旁路负荷开关、3～6 根旁路高压引下电缆、密封车厢、接地网、随车工具及配件组成

参考图片及参数

企业名称	型号规格	底盘驱动形式	燃料种类	车厢尺寸 （长×宽×高） /(mm×mm×mm)	主要功能	型式试验报告	3C、免征
武汉里得电力科技股份有限公司	尼桑牌 ZN5035XXHUCK5	两驱	汽油	5265×1720 ×1865	适用于狭窄道路、地下停车场等复杂环境下的保供电；可与移动箱变车、旁路作业车、应急发电车配套联合使用	有	具备
	黄海牌 DD1032L	四驱	汽油	5555×1840 ×1870	适用于狭窄道路、地下停车场等复杂环境下的保供电；可与移动箱变车、旁路作业车、应急发电车配套联合使用	有	具备

绝 缘 平 台

1 柱上快装绝缘平台

适用电压等级 10kV

用途

替代绝缘斗臂车，用于地处山区、田间的 10kV 架空线路进行带电作业。

执行标准

GB/T 13398 带电作业用空心绝缘管、泡沫填充绝缘管及实心绝缘棒

GB/T 17620 带电作业用绝缘硬梯

GB/T 18037 带电作业工具基本技术要求与设计导则

GB/T 18857 配电线路带电作业技术导则

DL/T 858 架空配电线路带电安装及作业工具设备

DL/T 876 带电作业绝缘配合导则

DL/T 976 带电作业工具、装置和设备预防性试验规程

Q/GDW 712 10kV 带电作业用绝缘平台

相关标准技术性能要求

1. 机械性能：①动态负荷试验：1.5 倍允许工作负荷（3 次）；②静态负荷试验：2.5 倍允许工作负荷（5min）；未发生永久变形和损伤，活动部件运动灵活、无卡阻现象。

2. 综合性能：①绝缘平台分为固定式、旋转式、升降旋转式三种类型，额定荷载不小于 135kg；②升降旋转式绝缘平台的升降高度应不小于 80cm，滚轮抱箍或抱箍紧锁装置锁死机构及升降、制动操作可靠；③质量轻、便于携带、安装；④设有供作业人员系安全带的挂点，且具备可靠的后备防护措施。

3. 电气性能：

电 气 性 能 要 求

额定工作 电压 /kV	试验距离 /m	试验时间 /min	试 验 项 目		交流泄漏电流试验	
			定型/型式/出厂试验电压 /kV	预防性试验电压 /kV	试验电压 /kV	泄漏值 /μA
10	0.4	1	100	45	20	
20	0.5	1	125	80	40	≤200
35	0.6	1	150	95	70	

注： 工频耐压试验过程中应无击穿、无闪络、无明显发热。

参考图片及参数

企业名称	型号规格	产地	额定 荷载 /kg	额定载荷 /kg	水平旋转 范围（升降 高度）	主要特点	型式试 验报告
常州新兰陵 电力辅助设备 有限公司	DDPT－10kV	中国	100	225	330°（1m）	适用于10kV线路带电作业，可更换或维修10kV电线杆上的线路问题。能有效解决绝缘高空作业车无法进入山区、田地、街道小巷等复杂的地理环境进行检修的难题	有
昆明飞翔材料 技术有限公司	FQRSS	中国	225	700	335°	绝缘性能强，快速搭建，高度任意组装，标准化模块化。适用于配网带电作业和变电站220kV及下带电作业	有
北京正泽商贸 有限公司	8401－B－D	美国	227	225	180°	安全易于安装	有
陕西华安电力 科技有限公司	HAK10－JYPT－1	中国	227/ 136/ 125	160	180°	利用抱箍紧缩装置将平台固定在电杆上，作业更加稳定、拆装更加便捷	

续表

企业名称	型号规格	产地	额定荷载 /kg	额定载荷 /kg	水平旋转范围（升降高度）	主要特点	型式试验报告
常州新兰陵电力辅助设备有限公司	DDPT－10kV	常州	100	—	330°（1m）	适用于 10kV 线路带电作业，更换或维修 10kV 电线杆上的线路问题。能有效解决绝缘高空作业车无法进入山区、田地、街道小巷等复杂的地理环境进行检修的难题	有
北京中诚立信电力技术有限公司	8401－B－D	美国	226	—	180°（0）	拉挤成型，呈狭长型，抗紫外线磨光，永久防滑涂层	无
	C4021042	美国	225	—	180°（0）	重量小，安装方便，同时安全性能满足 OSHA1926.951 (d) 和 ASTM711 标准	无
	H4964	美国	225	—	180°（0）	重量小，安装方便，同时安全性能满足 OSHA1926.951 (d) 和 ASTM712 标准	无
	C4021164	美国	225	—	180°（0）	重量小，安装方便，同时安全性能满足 OSHA1926.951 (d) 和 ASTM713 标准	无
	HD－JPT－10	中国	135	—	360°	环氧树脂材质，结构坚固、承载力强、装卸简单，360°旋转	无
武汉奋进电力技术有限公司	FJJYPT－I	国产	226	150	180°（1m）	绝缘可靠，简便安装；折叠式绝缘工作平台，可折叠收放在专用运输箱内；主体部分采用拉挤成型的环氧树脂材料制作，绝缘性能优良强度高；带链条收紧器，结构简单操作方便，牢固可靠；带包围式安全围栏，让带电作业人员克服恐高更有安全感；带可调式旋转锁止机构，可旋转角度 30°～180°，满足多角度大范围作业需求；带登高踏板，登高踏板可增加作业高度300mm，踏上去后两腿可依靠安全围栏，让带电作业人员更有安全感	无

企业名称	型号规格	产地	额定荷载/kg	额定载荷/kg	水平旋转范围（升降高度）	主要特点	型式试验报告
天津市华电电力器材股份有限公司	HD－JPT－10	中国	135	135	360°（0.8m）	绝缘平台可以绕电杆旋转360°，24点固定，通过调节脚踏板，工作人员可在0.8m高度范围内升降，整体模块化组装，重量轻，强度高，方便运输和组装	无
西安鑫烁电力科技有限公司	XS－KZPT	中国	135	135	360°（0.8m）	绝缘平台可以绕电杆旋转360°，24点固定，通过调节脚踏板，工作人员可在0.8m高度范围内升降，整体模块化组装，重量轻，强度高，方便运输和组装	无

2 绝缘人字梯

适用电压等级 10kV

用途

用于10kV架空线路带电作业，一般用于位置较低的10kV设备（如柱上变跌落式熔断器）处的带电作业。

执行标准

GB/T 13398 带电作业用空心绝缘管、泡沫填充绝缘管及实心绝缘棒

GB/T 17620 带电作业用绝缘硬梯

GB/T 18037 带电作业工具基本技术要求与设计导则

GB/T 18857 配电线路带电作业技术导则

DL/T 858 架空配电线路带电安装及作业工具设备

DL/T 976 带电作业工具、装置和设备预防性试验规程

DL/T 1007 架空输电线路带电安装导则及作业工具设备

相关标准技术性能要求

1. 机械性能：①动态负荷试验：1.5倍允许工作负荷（3次）；②静态负荷试验：2.5倍允许工作负荷（5min）；③对梯子的踏挡平稳施加0.8kN的静载荷，并持续1min，梯子的各个部件应不发生永久变形和损伤；④主体材料选用环氧树脂和玻璃纤维挤拉成型，

具有绝缘性好、强度高、耐腐蚀等特点。

2. 综合性能：①额定荷载不小于100kg；②人字梯各部件连接可靠，顶部固定装置牢固；③质量轻，便于携带、安装；④产品识别标志（工具名称、电压等级、额定荷载值、型号、制造日期、制造厂名）。

3. 电气性能：

电 气 性 能 要 求

| 额定工作电压/kV | 试验距离/m | 试验时间/min | 试 验 项 目 | | 交流泄漏电流试验 | |
			定型/型式/出厂试验电压/kV	预防性试验电压/kV	试验电压/kV	泄漏值/μA
10	0.4	1	100	45	20	≤200
20	0.5	1	125	80	40	
35	0.6	1	150	95	70	

注：工频耐压试验过程中应无击穿、无闪络、无明显发热。

参考图片及参数

企业名称	型号规格	绝缘平台额定荷载/kg	长度/m	有效绝缘长度/m	型式试验报告
	XS-JYT-10	100	1	—	有
	XS-JYT-35	81.6	1	—	有
西安鑫烁电力科技有限公司	XS-JYT-110	81.6	1	—	有
	XS-JYT-220	81.6	1	3+3	有
	XS-JYT-500	81.6	1	3+3+2	有
河北信得利电器设备有限公司	定制3m	200	3	0.9	无
北京中诚立信电力技术有限公司	HD-JYT-P	500	3	≥0.7	无
天津市华电电力器材股份有限公司	HD-JYT-P	100	3~5	≥0.7	无
江苏恒安电力工具有限公司	HA-RZT-1	100	3	≥0.7	无
圣耀（集团）有限公司	SYF-2	120	3	3	无

绝 缘 工 具

1 绝缘杆式组合工具

适用电压等级　　10kV

用途

　　采用配电线路绝缘杆作业法，利用端部可自由更换不同功能附件的绝缘杆，进行不同项目的带电作业。

执行标准

　　GB 13398　　带电作业用空心绝缘管、泡沫填充绝缘管和实心绝缘棒
　　DL/T 878　　带电作业用绝缘工具试验导则
　　DL/T 976　　带电作业工具、装置和设备预防性试验规程

相关标准技术性能要求

　　1. 组合工具由数根绝缘杆及不同功能的端部配件组成，使用时杆与杆可自由组合，端部可自由更换不同功能附件，整体组合成一套绝缘杆式组合工具。

　　2. 机械性能：带电作业绝缘工具应按实际使用工况进行机械强度试验。硬质绝缘工具和软质绝缘工具的安全系数均应不小于 2.5。绝缘杆有效绝缘长度不得低于 0.7m；在型式试验中，静负荷试验应在 2.5 倍额定工作负荷下持续 5min 无变形、无损伤；动负荷试验应在 1.5 倍额定工作负荷下操作 3 次，要求机构动作灵活、无卡阻现象。在预防性试验中，静负荷试验应在 1.2 倍额定工作负荷下持续 1min 无变形、无损伤；动负荷试验应在 1.0 倍额定工作负荷下操作 3 次，要求机构动作灵活、无卡阻现象。

　　3. 电气性能：

10kV 成 品 试 验

额定电压 /kV	试验长度 /m	工频耐压试验				泄漏电流试验		
		型式试验		预防性试验（出厂试验）		型式试验		
		试验电压 /kV	耐压时间 /min	试验电压 /kV	耐压时间 /min	试验电压 /kV	加压时间 /min	泄漏电流 /mA
10	0.4	100	1	45	1	8	15	<0.5

参考图片及参数

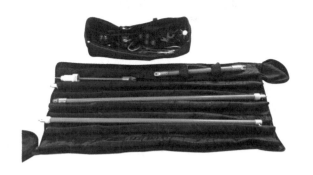

企业名称	型号规格	产地	工频耐压 /(kV·min⁻¹)	有效绝缘长度 /m	功能头组成	型式试验报告
江苏恒安电力工具有限公司	HA-ZHG-1	中国	0.4m/100	≥0.7	操作杆顶部、操作杆中部、铝质隔离头、操作棒头、树枝调整器、修剪锯、夹头锯把手、整理包	无
北京中诚立信电力技术有限公司	HD-DZHGJ	中国	0.4m/100	≥0.7	验电器、导线刷、套筒　球头铲叉、刀刃头、夹头等	无
	C4031612	美国	—	—	铝制隔离头、非金属隔离头、操作棒头　树枝调整器、修剪锯、夹头锯把手等	无
天津市华电电力器材股份有限公司	HD-DZHGJ	中国	0.4m/100	≥0.7	修枝剪、修枝锯、锤头、钢锯、棘轮扳手、套筒、套筒转向头、异物切割刀、异物剥离器、导线刷、万能转换接口、S钩、万向刀刃头、两齿耙、卡线钩、绕线器、并线器、防雨杆、验电器、扳手用转换接头	无
西安鑫烁电力科技有限公司	XS-ZHGJ	中国	0.4m/100	≥0.7	操作杆顶部、操作杆中部、铝质隔离头、非金属隔里头、操作棒头、树枝洞整器、修剪锯、夹头锯把手、整理包	无
山东泰开电器绝缘有限公司	TKZG-001	中国	0.4m/100	≥0.7	修枝剪、修枝锯、锤头、棘轮扳手、套筒、套筒转向头、异物剥离器、导线刷、卡线钩、并线器、防雨杆、验电器、转换头、整理包	无

2　绝缘操作杆

适用电压等级　　10kV

用途

用于配线电路柱上开关、高压熔断器、高压隔离开关等拉合操作。

执行标准

GB 13398　带电作业用空心绝缘管、泡沫填充绝缘管和实心绝缘棒
DL/T 878　带电作业用绝缘工具试验导则
DL/T 976　带电作业工具、装置和设备预防性试验规程

相关标准技术性能要求

1. 由一根或数根绝缘杆组成，使用时数根绝缘杆可接续使用。
2. 机械性能：带电作业绝缘工具应按实际使用工况进行机械强度试验。硬质绝缘工具和软质绝缘工具的安全系数均应不小于2.5。绝缘杆有效绝缘长度不得低于0.7m。在型式试验中：静负荷试验应在2.5倍额定工作负荷下持续5min无变形、无损伤；动负荷试验应在1.5倍额定工作负荷下操作3次，要求机构动作灵活、无卡阻现象。在预防性试验中：静负荷试验应在1.2倍额定工作负荷下持续1min无变形、无损伤；动负荷试验应在1.0倍额定工作负荷下操作3次，要求机构动作灵活、无卡阻现象。
3. 电气性能：

10kV 成 品 试 验

额定电压 /kV	试验长度 /m	工频耐压试验				泄漏电流试验		
		型式试验		预防性试验（出厂试验）		型式试验		
		试验电压 /kV	耐压时间 /min	试验电压 /kV	耐压时间 /min	试验电压 /kV	加压时间 /min	泄漏电流 /mA
10	0.4	100	1	45	1	8	15	<0.5

参考图片及参数

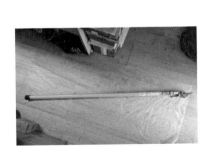

企业名称	型号规格	产地	工频耐压 /(kV·min⁻¹)	有效绝缘长度 /m	操作杆节数/单节长度	包装形式	主要特点	型式试验报告
山东泰开电器绝缘有限公司	TKG-MH-3001	中国	100	≥0.7	可定制	防潮工具袋	可拆卸，易安装，使用方便	有
西安鑫烁电力科技有限公司	XS-CZG-10	中国	100	0.4	1节/0.7m	防潮工具袋	操作杆表面光滑、无划伤裂纹，空心管端口有堵头、节杆间连接牢固不脱落、操作方便，结构灵活，绝缘性能好，机械程度高，携带方便，增水防潮，适用范围广泛	有
	XS-CZG-35	中国	150	0.6	1节/0.9m	防潮工具袋	操作杆表面光滑、无划伤裂纹，空心管端口有堵头、节杆间连接牢固不脱落、操作方便，结构灵活，绝缘性能好，机械程度高，携带方便，增水防潮，适用范围广泛	有
	XS-CZG-110	中国	250	1	1节/1.3m	防潮工具袋	操作杆表面光滑、无划伤裂纹，空心管端口有堵头、节杆间连接牢固不脱落、操作方便，结构灵活，绝缘性能好，机械程度高，携带方便，增水防潮，适用范围广泛	有
	XS-CZG-220	中国	450	1.8	2节/2.1m	防潮工具袋	操作杆表面光滑、无划伤裂纹，空心管端口有堵头、节杆间连接牢固不脱落、操作方便，结构灵活，绝缘性能好，机械程度高，携带方便，增水防潮，适用范围广泛	有

续表

企业名称	型号规格	产地	工频耐压/(kV·min⁻¹)	有效绝缘长度/m	操作杆节数/单节长度	包装形式	主要特点	型式试验报告
西安鑫烁电力科技有限公司	XS-CZG-500	中国	640	3.7	3节、4节	防潮工具袋	操作杆表面光滑、无划伤裂纹，空心管端口有堵头、节杆间连接牢固不脱落、操作方便，结构灵活，绝缘性能好，机械程度高，携带方便，增水防潮，适用范围广泛	有
北京正泽商贸有限公司	HV-208	美国	0.3m/100	2.43	5节	纸筒密封	三角形易操作	有
	HV-212	美国	0.3m/100	3.8	3节	纸筒密封	三角形易操作	有
	HV-216	美国	0.3m/100	5	4节	纸筒密封	三角形易操作	有
	HV-220	美国	0.3m/100	6.43	5节	纸筒密封	三角形易操作	有
	HV-225	美国	0.3m/100	7.8	6节	纸筒密封	三角形易操作	有
	HV-230	美国	0.3m/100	9.21	7节	纸筒密封	三角形易操作	有
	HV-235	美国	0.3m/100	10.6	8节	纸筒密封	三角形易操作	有
	HV-240	美国	0.3m/100	12	9节	纸筒密封	三角形易操作	有
	567-6	美国	0.3m/100	1.8	单节	无密封	单节式易操作	有
	4678-6	美国	0.3m/100	1.8	单节	无密封	两端均可按照杆头附件	有
河北信得利电器设备有限公司	—	中国	10、35、110、220、500	0.7、0.9、1.3、2.1、4	3节/1m、3节/1.5m、3节/1.7m、3节/2m	袋装	高密度、强绝缘、强抗弯性	无

续表

企业名称	型号规格	产地	工频耐压 /(kV·min⁻¹)	有效绝缘长度 /m	操作杆节数/单节长度	包装形式	主要特点	型式试验报告
陕西华安电力科技有限公司	USTS-MM	美国	10	5～15	4.9～15.2m	有独立包装	可方便和精确地测量，同时还具有绝缘杆的功能	无
北京中诚立信电力技术有限公司	C4032137	美国	0.4m/100	≥0.7	3节/1.2m	—	伸缩式重量轻	无
	T4033009	美国	0.4m/100	≥0.7	6节/1.2m	—	可安装各类操作头	无
	HD-JCG-LH	中国	0.4m/100	≥0.7	3节/1.5m	—	锁定对接组合式，可完成上下移动、旋转等全方位操作	无
天津市华电电力器材股份有限公司	HD-JCG-LH	中国	0.4m/100	≥0.7	3节/1.5m	帆布袋	锁定对接组合式绝缘杆可完成上下移动、左右旋转等全方位操作	无
江苏恒安电力工具有限公司	HA-CZG-1	中国	0.4m/100	≥0.7	2节/3m	帆布袋	重量轻，易操作	无
圣耀（集团）有限公司	SYJ-10kV	中国	10	3	3节/1m	防潮袋	绝缘性能高，机械性能强	无
	SYJ-35kV	中国	35	4	3节/1.35m	防潮袋	绝缘性能高，机械性能强	无
	SYJ-110kV	中国	110	5	3节/1.65m	防潮袋	绝缘性能高，机械性能强	无
	SYJ-220kV	中国	220	6	4节/1.5m	防潮袋	绝缘性能高，机械性能强	无
	SYJ-500kV	中国	500	6	4节/1.5m	防潮袋	绝缘性能高，机械性能强	无

3　两用绝缘操作杆

适用电压等级　10kV

用途

　　采用绝缘杆作业法，利用端部可自由更换不同功能附件的绝缘杆，进行配电线路不同项目的带电作业。

执行标准

　　GB 13398　带电作业用空心绝缘管、泡沫填充绝缘管和实心绝缘棒
　　DL/T 878　带电作业用绝缘工具试验导则
　　DL/T 976　带电作业工具、装置和设备预防性试验规程

相关标准技术性能要求

　　1. 由一根或数根绝缘杆组成，使用时数根绝缘杆可接续使用，杆头两端分别装设不同功能的附件。

　　2. 机械性能：带电作业绝缘工具应按实际使用工况进行机械强度试验。硬质绝缘工具和软质绝缘工具的安全系数均应不小于 2.5。绝缘杆有效绝缘长度不得低于 0.7m；在型式试验中，静负荷试验应在 2.5 倍额定工作负荷下持续 5min 无变形、无损伤；动负荷试验应在 1.5 倍额定工作负荷下操作 3 次，要求机构动作灵活、无卡阻现象。在预防性试验中，静负荷试验应在 1.2 倍额定工作负荷下持续 1min 无变形、无损伤。动负荷试验应在 1.0 倍额定工作负荷下操作 3 次，要求机构动作灵活、无卡阻现象。

　　3. 电气性能：

10kV 成品试验

额定电压 /kV	试验长度 /m	工频耐压试验				泄漏电流试验		
		型式试验		预防性试验（出厂试验）		型式试验		
		试验电压 /kV	耐压时间 /min	试验电压 /kV	耐压时间 /min	试验电压 /kV	加压时间 /min	泄漏电流 /mA
10	0.4	100	1	45	1	8	15	<0.5

参考图片及参数

企业名称	型号规格	产地	工频耐压 /(kV·min⁻¹)	有效绝缘长度 /m	操作杆节数/单节长度	包装形式	主要特点	型式试验报告
山东泰开电器绝缘有限公司	TKG-MH3002	中国	100	≥0.7	可定制	防潮工具袋	两端可安装任意梅花工具头	有
西安鑫烁电力科技有限公司	XS-CZG-YY10	中国	100	0.4	1节/0.7m	防潮工具袋	操作杆表面光滑、无划伤裂纹，空心管端口有堵头，节杆间连接牢固不脱落，操作方便，结构灵活，绝缘性能好，机械程度高，携带方便，增水防潮，适用范围广泛	有
	XS-CZG-YY35	中国	150	0.6	1节/0.9m	防潮工具袋	操作杆表面光滑、无划伤裂纹，空心管端口有堵头，节杆间连接牢固不脱落，操作方便，结构灵活，绝缘性能好，机械程度高，携带方便，增水防潮，适用范围广泛	有
	XS-CZG-YY110	中国	250	1	1节/1.3m	防潮工具袋	操作杆表面光滑、无划伤裂纹，空心管端口有堵头，节杆间连接牢固不脱落，操作方便，结构灵活，绝缘性能好，机械程度高，携带方便，增水防潮，适用范围广泛	有
	XS-CZG-YY220	中国	450	1.8	2节/2.1m	防潮工具袋	操作杆表面光滑、无划伤裂纹，空心管端口有堵头，节杆间连接牢固不脱落，操作方便，结构灵活，绝缘性能好，机械程度高，携带方便，增水防潮，适用范围广泛	有

企业名称	型号规格	产地	工频耐压 /(kV·min⁻¹)	有效绝缘长度 /m	操作杆节数/单节长度	包装形式	主要特点	型式试验报告
西安鑫烁电力科技有限公司	XS-CZG-YY500	中国	640	3.7	3节、4节	防潮工具袋	操作杆表面光滑、无划伤裂纹，空心管端口有堵头，节杆间连接牢固不脱落，操作方便，结构灵活，绝缘性能好，机械程度高，携带方便，增水防潮，适用范围广泛	有
北京中诚立信电力技术有限公司	H17604	美国	0.3m/100	≥0.7	1节/2.4m	专用包装	两端可安装任意梅花工具头	无
	HD-JCG-LY	中国	0.4m/100	≥0.7	2节/1.2m	帆布袋	对接锁定组合，全方位操作，可安装任意梅花工具头	无
江苏恒安电力工具有限公司	HA-LYG-1	中国	0.4m/100	≥0.7	2节/3m	帆布袋	两用操作、使用方便、易操作	无
武汉奋进电力技术有限公司	FJLYCZ-Ⅰ	中国	0.3m/100	≥0.7	2节/1.5m（可定制）	帆布袋	用于配合操作绝缘杆式剥皮器、J型线夹安装器使用，轻便、操作灵活	无
天津市华电电力器材股份有限公司	HD-JCG-LY	中国	0.4m/100	≥0.7	2节/1.2m	帆布袋	对接锁定组合式绝缘杆可完成上下移动、左右旋转等全方位操作；两端可安装任意梅花工具头	无
圣耀（集团）有限公司	SYJL-10kV	中国	10	3	3节/1m	防潮袋	绝缘性能高，机械性能强	无
	SYJL-35kV	中国	35	4	3节/1.35m	防潮袋	绝缘性能高，机械性能强	无
	SYJL-110kV	中国	110	5	3节/1.65m	防潮袋	绝缘性能高，机械性能强	无
	SYJL-220kV	中国	220	6	4节/1.5m	防潮袋	绝缘性能高，机械性能强	无
	SYJL-500kV	中国	500	6	4节/1.5m	防潮袋	绝缘性能高，机械性能强	无

4 绝缘锁杆

适用电压等级 　10kV

用途

用于配电线路绝缘杆作业法，锁紧导线或引流线，与其他端部装配有不同工具附件的绝缘杆，互相配合进行断、接引流线等带电作业。

执行标准

GB 13398　带电作业用空心绝缘管、泡沫填充绝缘管和实心绝缘棒

DL/T 878　带电作业用绝缘工具试验导则

DL/T 976　带电作业工具、装置和设备预防性试验规程

相关标准技术性能要求

1. 由一根或数根绝缘杆组成，使用时数根绝缘杆可接续使用，杆头装设螺旋压紧式卡线钩，绝缘杆长度可根据需要订制。

2. 机械性能：带电作业绝缘工具应按实际使用工况进行机械强度试验。硬质绝缘工具和软质绝缘工具的安全系数均应不小于2.5。绝缘杆有效绝缘长度不得低于0.7m；在型式试验中，静负荷试验应在2.5倍额定工作负荷下持续5min无变形、无损伤；动负荷试验应在1.5倍额定工作负荷下操作3次，要求机构动作灵活、无卡阻现象。在预防性试验中，静负荷试验应在1.2倍额定工作负荷下持续1min无变形、无损伤；动负荷试验应在1.0倍额定工作负荷下操作3次，要求机构动作灵活、无卡阻现象。

3. 电气性能：

10kV 成品试验

额定电压 /kV	试验长度 /m	工频耐压试验				泄漏电流试验		
		型式试验		预防性试验（出厂试验）		型式试验		
		试验电压 /kV	耐压时间 /min	试验电压 /kV	耐压时间 /min	试验电压 /kV	加压时间 /min	泄漏电流 /mA
10	0.4	100	1	45	1	8	15	<0.5

参考图片及参数

企业名称	型号规格	产地	工频耐压 /(kV·min⁻¹)	有效绝缘长度/m	操作杆节数/单节长度	包装形式	主要特点	型式试验报告
北京正泽商贸有限公司	4603	美国	0.3m/100	1.2	1节	无密封	可调式夹线头	有
	4604	美国	0.3m/100	1.8	1节	无密封	可调式夹线头	有
	4605	美国	0.3m/100	2.4	1节	无密封	可调式夹线头	有
	4600	美国	0.3m/100	1.2	1节	无密封	固定式夹线头	有
	4601	美国	0.3m/100	1.8	1节	无密封	固定式夹线头	有
	4602	美国	0.3m/100	2.4	1节	无密封	固定式夹线头	有
北京中诚立信电力技术有限公司	C4033068	美国	0.4m/100	≥0.7	1节/1.8m	专用包装	用于导线的固定和跳线的定位，也可用于剪线时持住导线	无
	HD-JCG-SG	中国	0.4m/100	≥0.7	2节/1.2m	帆布袋	锁定对接组合式，可完成上下移动、左右旋转等全方位操作	无
江苏恒安电力工具有限公司	HA-SG-1	中国	0.4m/100	≥0.7	2节/3m	帆布袋	锁定对接组合式，可完成上下移动、左右旋转等全方位操作	无
天津市华电电力器材股份有限公司	HD-JCG-SG01	中国	0.4m/100	≥0.7	2节/1.5m	帆布袋	锁定对接组合式，可完成上下移动、左右旋转等全方位操作	无
	HD-JCG-SG02	中国	0.4m/100	≥0.7	1节/2.5m	帆布袋	自锁定功能、限位功能、防脱落功能	无
山东泰开电器绝缘有限公司	TKJSG-002	中国	0.4m/100	≥0.7	2节/1.2m	防潮工具袋	上下调整灵活方便	无

5　绝缘杆式断线剪（切刀）

适用电压等级　10kV

用途

用于配电线路绝缘杆作业法带电切断导线、引流线等作业。

执行标准

GB 13398　带电作业用空心绝缘管、泡沫填充绝缘管和实心绝缘棒

DL/T 878　带电作业用绝缘工具试验导则

DL/T 976　带电作业工具、装置和设备预防性试验规程

　　1. 绝缘部分采用优质环氧树脂绝缘管材制成，断线剪采用热处理钢制切刀头，切割锋利，最大切断范围不小于 32mm，最大剪切力不小于 13kN。

　　2. 机械性能：带电作业绝缘工具应按实际使用工况进行机械强度试验。硬质绝缘工具和软质绝缘工具的安全系数均应不小于 2.5。绝缘杆有效绝缘长度不得低于 0.7m；在型式试验中，静负荷试验应在 2.5 倍额定工作负荷下持续 5min 无变形、无损伤；动负荷试验应在 1.5 倍额定工作负荷下操作 3 次，要求机构动作灵活、无卡阻现象。在预防性试验中，静负荷试验应在 1.2 倍额定工作负荷下持续 1min 无变形、无损伤。动负荷试验应在 1.0 倍额定工作负荷下操作 3 次，要求机构动作灵活、无卡阻现象。

　　3. 电气性能：

10kV 成 品 试 验

额定电压 /kV	试验长度 /m	工频耐压试验				泄漏电流试验		
		型式试验		预防性试验（出厂试验）		型式试验		
		试验电压 /kV	耐压时间 /min	试验电压 /kV	耐压时间 /min	试验电压 /kV	加压时间 /min	泄漏电流 /mA
10	0.4	100	1	45	1	8	15	<0.5

企业名称	型号规格	产地	工频耐受电压 /(kV·min⁻¹)	有效绝缘长度 /m	杆长 /m	导线最大切断范围 /mm²	操作方式	质量 /kg	型式试验报告
西安鑫烁电力科技有限公司	XS-DXJ-JY	中国	0.4m/100	≥0.7	2	铝线 500，铜线 250	手拉式	3	有

企业名称	型号规格	产地	工频耐受电压 /(kV·min⁻¹)	有效绝缘长度 /m	杆长 /m	导线最大切断范围 /mm²	操作方式	质量 /kg	型式试验报告
北京正泽商贸有限公司	11-005	美国	0.3m/100	1.5	1.5	钢芯铝绞线300，铜线250，铝线500	手持式	4.0	有
	11-006	美国	0.3m/100	1.8	1.8	钢芯铝绞线300，铜线250，铝线500	手持式	4.5	有
	11-008	美国	0.3m/100	2.4	2.4	钢芯铝绞线300，铜线250，铝线500	手持式	4.8	有
	11-010	美国	0.3m/100	3	3	钢芯铝绞线300，铜线250，铝线500	手持式	5.2	有
江苏恒安电力工具有限公司	HA-DXJ-1	中国	0.4m/100	≥0.7	2	铝线500，铜线240	棘轮	3.6	无
北京中诚立信电力技术有限公司	HD-JQG-DXJ	中国	0.4m/100	≥0.7	1.5	铝线500，铜线250	电动遥控	5	无
	HD-JQG-JLD	中国	0.4m/100	≥0.7	2	铝线500，铜线250	棘轮	2.7	无
	11-005/006/008/010	美国	0.3m/100	≥0.7	1.5/1.8/2.4/3.0	铝线500，铜线250	棘轮	4/4.53/4.8/5.22	无
天津市华电电力器材股份有限公司	HD-JQG-DXJ	中国	0.4m/100	≥0.7	1.5	铝线500，铜线250	电动遥控	5	无
	HD-JCG-JLD	中国	0.4m/100	≥0.7	2	铝线500，铜线250	棘轮	2.7	无

6 绝缘杆式绑线剪

适用电压等级　　10kV

用途

用于配电线路绝缘杆作业法带电剪断绑扎线、导线异物等作业。

执行标准

GB 13398　带电作业用空心绝缘管、泡沫填充绝缘管和实心绝缘棒

DL/T 878　带电作业用绝缘工具试验导则

DL/T 976　带电作业工具、装置和设备预防性试验规程

相关标准技术性能要求

1. 绝缘部分采用优质环氧树脂绝缘管材制成，绑线剪采用热处理钢制切刀头，切割锋利。

2. 机械性能：带电作业绝缘工具应按实际使用工况进行机械强度试验。硬质绝缘工具和软质绝缘工具的安全系数均应不小于 2.5。绝缘杆有效绝缘长度不得低于 0.7m；在型式试验中，静负荷试验应在 2.5 倍额定工作负荷下持续 5min 无变形、无损伤；动负荷试验应在 1.5 倍额定工作负荷下操作 3 次，要求机构动作灵活、无卡阻现象。在预防性试验中，静负荷试验应在 1.2 倍额定工作负荷下持续 1min 无变形、无损伤；动负荷试验应在 1.0 倍额定工作负荷下操作 3 次，要求机构动作灵活、无卡阻现象。

3. 电气性能：

10kV 成 品 试 验

额定电压/kV	试验长度/m	工频耐压试验				泄漏电流试验		
		型式试验		预防性试验（出厂试验）		型式试验		
		试验电压/kV	耐压时间/min	试验电压/kV	耐压时间/min	试验电压/kV	加压时间/min	泄漏电流/mA
10	0.4	100	1	45	1	8	15	<0.5

参考图片及参数

企业名称	型号规格	产地	工频耐受电压/(kV·min⁻¹)	有效绝缘长度/m	杆长/m	导线最大切断范围/mm²	操作方式	质量/kg	型式试验报告
天津市华电电力器材股份有限公司	HD‑DJJJ‑X	中国	0.4m/100	≥0.7	1.0	2.5	手动	1.8	有
江苏恒安电力工具有限公司	HA‑BXQ‑1	中国	0.4m/100	≥0.7	1.8	2.5	手动	1.6	无

企业名称	型号规格	产地	工频耐受电压/(kV·min⁻¹)	有效绝缘长度/m	杆长/m	导线最大切断范围/mm²	操作方式	质量/kg	型式试验报告
北京中诚立信电力技术有限公司	HD-DJJJ-X	中国	0.4m/100	≥0.7	1	2.5	—	1.8	无
西安鑫烁电力科技有限公司	XS-BXJ-JYG	中国	0.4m/100	≥0.7	1.8	2.5	手拉	1.8	无

7 绝缘杆式夹线钳

适用电压等级 10kV

用途

用于配电线路绝缘杆作业法带电安装、拆除绝缘子上绑扎线等作业。

执行标准

GB 13398 带电作业用空心绝缘管、泡沫填充绝缘管和实心绝缘棒

DL/T 878 带电作业用绝缘工具试验导则

DL/T 976 带电作业工具、装置和设备预防性试验规程

相关标准技术性能要求

1. 绝缘部分采用优质环氧树脂绝缘管材制成，杆头装设高强度夹线钳，绝缘杆长度可根据需要订制。

2. 机械性能：带电作业绝缘工具应按实际使用工况进行机械强度试验。硬质绝缘工具和软质绝缘工具的安全系数均应不小于2.5。绝缘杆有效绝缘长度不得低于0.7m；在型式试验中，静负荷试验应在2.5倍额定工作负荷下持续5min无变形、无损伤；动负荷试验应在1.5倍额定工作负荷下操作3次，要求机构动作灵活、无卡阻现象。在预防性试验中，静负荷试验应在1.2倍额定工作负荷下持续1min无变形、无损伤；动负荷试验应在1.0倍额定工作负荷下操作3次，要求机构动作灵活、无卡阻现象。

3. 电气性能：

10kV 成品试验

额定电压/kV	试验长度/m	工频耐压试验				泄漏电流试验		
		型式试验		预防性试验（出厂试验）		型式试验		
		试验电压/kV	耐压时间/min	试验电压/kV	耐压时间/min	试验电压/kV	加压时间/min	泄漏电流/mA
10	0.4	100	1	45	1	8	15	<0.5

参考图片及参数

企业名称	型号规格	产地	工频耐受电压 /(kV·min⁻¹)	有效绝缘长度 /m	杆长 /m	钳口最大范围 /mm	型式试验报告
西安鑫烁电力科技有限公司	XS-GSJXQ	中国	0.4m/10	≥0.7	2	240	有
江苏恒安电力工具有限公司	HA-JXQ-1	中国	0.4m/100	≥0.7	2	240	无
北京中诚立信电力技术有限公司	HD-DJJQ	中国	0.4m/100	≥0.7	2	30	无
天津市华电电力器材股份有限公司	HD-DJJQ	中国	0.4m/100	≥0.7	2.0	30	无

8　绝缘杆式导线剥皮器

适用电压等级　　10kV

用途

用于配电线路绝缘杆作业法带电剥除绝缘导线的绝缘层。

执行标准

GB 13398　带电作业用空心绝缘管、泡沫填充绝缘管和实心绝缘棒

DL/T 878　带电作业用绝缘工具试验导则

DL/T 976　带电作业工具、装置和设备预防性试验规程

相关标准技术性能要求

1. 剥皮器由绝缘部分和剥皮机构组合而成，绝缘部分采用优质环氧树脂绝缘材料制

成。剥皮机构具有嵌入导线、剥皮、退出剥皮操作功能，且可与绝缘操作杆固定连接或分离连接。

2. 适用导线：交联聚乙烯绝缘导线适用截面为 $70\sim240\text{mm}^2$，每套配三种及以上不同截面导线的剥皮刀具，绝缘杆长度可根据需要订制。

3. 机械性能：剥皮器各部分的连接应牢固、可靠，表面应光滑、平整，无制造缺陷和污损。剥皮器应进行握着力和弯曲度试验，在规定条件下测得的握着力不应超过200N。剥皮器由于自重而引起的弯曲不应超过整体总长的 $10\%\sim15\%$。要求机构动作灵活、无卡阻现象。

4. 电气性能：

10kV 成 品 试 验

额定电压 /kV	试验长度 /m	工频耐压试验				泄漏电流试验		
		型式试验		预防性试验（出厂试验）		型式试验		
		试验电压 /kV	耐压时间 /min	试验电压 /kV	耐压时间 /min	试验电压 /kV	加压时间 /min	泄漏电流 /mA
10	0.4	100	1	45	1	8	15	<0.5

参考图片及参数

企业名称	型号规格	产地	工频耐受电压 /(kV·min⁻¹)	有效绝缘长度 /m	杆长 /m	适用导线截面 /mm²	质量 /kg	结构型式	型式试验报告
江苏恒安电力工具有限公司	HA-BXQ-01	中国	0.4m/100	≥0.7	2	70～240	3.8	分体式	无
北京中诚立信电力技术有限公司	HD-BP-05	中国	0.4m/100	≥0.7	2	50～240	4.1	分体式	无
武汉奋进电力技术有限公司	FJDXBP-Ⅱ	中国	0.3m/100	≥0.7	2.85（可定制）	70～240	4.9	分体式	无
	FJDXBP-Ⅲ	中国	0.3m/100	≥0.7	2.85（可定制）	70～240	4.6	分体式	无

续表

企业名称	型号规格	产地	工频耐受电压 /(kV·min⁻¹)	有效绝缘长度 /m	杆长 /m	适用导线截面 /mm²	质量 /kg	结构型式	型式试验报告
天津市华电电力器材股份有限公司	HD-JYBX01	中国	0.4m/100	≥0.7	2（可定制）	70～240	4.1	分体式	无
	HD-JYBX02	中国	0.4m/100	≥0.7	2（可定制）	70～240	3.9	分体式	无
西安鑫烁电力科技有限公司	XS-DBQ-JYG	中国	0.4m/100	≥0.7	2	70～240	4.1	分体式	无

9　绝缘套筒杆

适用电压等级　10kV

用途

用于配电线路绝缘杆作业法，带电松、紧绝缘子等部件的螺栓。

执行标准

GB 13398　带电作业用空心绝缘管、泡沫填充绝缘管和实心绝缘棒

DL/T 878　带电作业用绝缘工具试验导则

DL/T 976　带电作业工具、装置和设备预防性试验规程

相关标准技术性能要求

1. 绝缘套筒杆绝缘部分采用优质环氧树脂绝缘管材制成，杆头装设套筒接口，可安装不同口径的套筒，绝缘杆长度可根据需要订制。

2. 机械性能：带电作业绝缘工具应按实际使用工况进行机械强度试验。硬质绝缘工具和软质绝缘工具的安全系数均应不小于2.5。绝缘杆有效绝缘长度不得低于0.7m；在型式试验中，静负荷试验应在2.5倍额定工作负荷下持续5min无变形、无损伤；动负荷试验应在1.5倍额定工作负荷下操作3次，要求机构动作灵活、无卡阻现象。在预防性试验中，静负荷试验应在1.2倍额定工作负荷下持续1min无变形、无损伤；动负荷试验应在1.0倍额定工作负荷下操作3次，要求机构动作灵活、无卡阻现象。

3. 电气性能：

10kV 成 品 试 验

额定电压 /kV	试验长度 /m	工频耐压试验				泄漏电流试验		
		型式试验		预防性试验（出厂试验）		型式试验		
		试验电压 /kV	耐压时间 /min	试验电压 /kV	耐压时间 /min	试验电压 /kV	加压时间 /min	泄漏电流 /mA
10	0.4	100	1	45	1	8	15	<0.5

参考图片及参数

企业名称	型号规格	产地	工频耐受电压/(kV·min⁻¹)	有效绝缘长度/m	绝缘杆节数/单节长度	套筒规格/mm	质量/kg	结构型式	型式试验报告
江苏恒安电力工具有限公司	HA-BPQ	中国	0.4m/100	≥0.7	1节/2.5m	17～21	1.8	分体式	无
北京中诚立信电力技术有限公司	C4031022	美国	0.4m/100	≥0.7	6节/1.6m	16～25	3.2	分体式	无
	C4031018	美国	0.4m/100	≥0.7	4节/1.5m	12～16	1.8	分体式	无
	HD-JCG-TT	中国	0.4m/100	≥0.7	2节/1.5m	17～21	1.9	分体式	无
	FJLSJG-I	中国	0.3m/100	≥0.7	2节/2.5m	17、19	3.5	分体式	无
北京正泽商贸有限公司	567-6＋5455-46	美国	0.3m/100	1.8	1节	套筒头1/2″	1	分体式	有
天津市华电电力器材股份有限公司	HD-JCG-TT	中国	0.4m/100	≥0.7	2节/1.5m	17～21	1.9	分体式	无
西安鑫烁电力科技有限公司	XS-TTG	中国	0.4m/100	≥0.7	2节/1.8m	17～21	1.8	分体式	无
山东泰开电器绝缘有限公司	TKTT-003	中国	0.4m/100	≥0.7	2节/1.2m	17～21	1.9	分体式	无

10　绝缘杆式导线测径仪

适用电压等级　　10kV

用途

用于配电线路绝缘杆作业法带电测量各种导线的线径。

执行标准

GB 13398　带电作业用空心绝缘管、泡沫填充绝缘管和实心绝缘棒

DL/T 878　带电作业用绝缘工具试验导则

DL/T 976　带电作业工具、装置和设备预防性试验规程

相关标准技术性能要求

1. 导线测径仪绝缘部分采用优质环氧树脂绝缘管材制成，测量精度 0.1mm，测量范

围 0～30mm，绝缘杆长度可根据需要订制。

2. 机械性能：带电作业绝缘工具应按实际使用工况进行机械强度试验。硬质绝缘工具和软质绝缘工具的安全系数均应不小于 2.5。绝缘杆有效绝缘长度不得低于 0.7m；在型式试验中，静负荷试验应在 2.5 倍额定工作负荷下持续 5min 无变形、无损伤；动负荷试验应在 1.5 倍额定工作负荷下操作 3 次，要求机构动作灵活、无卡阻现象。在预防性试验中，静负荷试验应在 1.2 倍额定工作负荷下持续 1min 无变形、无损伤；动负荷试验应在 1.0 倍额定工作负荷下操作 3 次，要求机构动作灵活、无卡阻现象。

3. 电气性能：

10kV 成品试验

额定电压 /kV	试验长度 /m	工频耐压试验				泄漏电流试验		
		型式试验		预防性试验（出厂试验）		型式试验		
		试验电压 /kV	耐压时间 /min	试验电压 /kV	耐压时间 /min	试验电压 /kV	加压时间 /min	泄漏电流 /mA
10	0.4	100	1	45	1	8	15	<0.5

参考图片及参数

企业名称	型号规格	产地	工频耐受电压 /(kV·min⁻¹)	有效绝缘长度 /m	杆长 /m	测量线径范围 /mm	测量精度 /mm	质量 /kg	型式试验报告
江苏恒安电力工具有限公司	HA-XJY-01	中国	0.4m/100	≥0.7	2	0～30	0.1	1.5	无
北京中诚立信电力技术有限公司	HD-XJKC	中国	0.4m/100	≥0.7	2.5	0～30	0.1	1.3	无
武汉奋进电力技术有限公司	FJDXCJ-Ⅰ	中国	0.3m/100	≥0.7	2.8	40	0.1	3.2	无

企业名称	型号规格	产地	工频耐受电压/(kV·min⁻¹)	有效绝缘长度/m	杆长/m	测量线径范围/mm	测量精度/mm	质量/kg	型式试验报告
天津市华电电力器材股份有限公司	HD-JXJC	中国	0.4m/100	≥0.7	1.5	0~30	0.1	1.3	无
西安鑫烁电力科技有限公司	XS-CJY-JYG	—	—	≥0.7	1.5	0~30	0.1	1	无

11 绝缘测高杆

适用电压等级 10kV

用途

测量带电导线与基准面的垂直高度。

执行标准

GB 13398　带电作业用空心绝缘管、泡沫填充绝缘管和实心绝缘棒

DL/T 878　带电作业用绝缘工具试验导则

DL/T 976　带电作业工具、装置和设备预防性试验规程

相关标准技术性能要求

1. 测高杆采用优质环氧树脂绝缘管材制成，测量精度不大于10mm，伸缩部分连接处应装有弹簧锁钮。

2. 机械性能：带电作业绝缘工具应按实际使用工况进行机械强度试验。硬质绝缘工具和软质绝缘工具的安全系数均应不小于2.5。绝缘杆有效绝缘长度不得低于0.7m；在型式试验中，静负荷试验应在2.5倍额定工作负荷下持续5min无变形、无损伤；动负荷试验应在1.5倍额定工作负荷下操作3次，要求机构动作灵活、无卡阻现象。在预防性试验中，静负荷试验应在1.2倍额定工作负荷下持续1min无变形、无损伤；动负荷试验应在1.0倍额定工作负荷下操作3次，要求机构动作灵活、无卡阻现象。

3. 电气性能：

10kV 成 品 试 验

额定电压/kV	试验长度/m	工频耐压试验				泄漏电流试验		
		型式试验		预防性试验（出厂试验）		型式试验		
		试验电压/kV	耐压时间/min	试验电压/kV	耐压时间/min	试验电压/kV	加压时间/min	泄漏电流/mA
10	0.4	100	1	45	1	8	15	<0.5

企业名称	型号规格	产地	工频耐受电压 /(kV·min⁻¹)	有效绝缘长度 /m	测量范围 /m	测量精度 /mm	收缩长度 /m	质量 /kg	型式试验报告
北京正泽商贸有限公司	M25	美国	0.3m/100	7.5	7.5	10	1.67	1.5	有
	M35	美国	0.3m/100	10.5	10.5	10	1.67	2.7	有
	M40	美国	0.3m/100	12	12	10	1.67	3.4	有
	M50	美国	0.3m/100	15	15	10	1.76	6.0	有
西安鑫烁电力科技有限公司	XS-CGG	中国	0.4m/100	≥0.7	12	10	2	3	有
江苏恒安电力工具有限公司	HA-CGG-01	中国	0.4m/100	≥0.7	7.5~15	10	1.7	3.6	无
北京中诚立信电力技术有限公司	C4031022EM	美国	0.4m/100	≥0.7	10.6	10	1.7	5	无
	M-25/35/40	美国	0.4m/100	≥0.7	7.5/ 10.5/ 12	10	1.67	1.5/ 2.7/ 3.4	无
	M-50	美国	0.4m/100	≥0.7	15	10	1.76	6	无
	HD-JCGC	中国	0.4m/100	≥0.7	12	10	2	3	无
天津市华电电力器材股份有限公司	HD-JCGG	中国	0.4m/100	≥0.7	12	10	2	3.0	无
河北信得利电器设备有限公司	YSJL 1902691	中国	0.4m/100	1.3	15	10	1.65	2.9	无
圣耀（集团）有限公司	CGG-10kV	中国	10	8	8	10	1.52	1.4	无
	CGG-35kV	中国	35	10	10	10	1.62	1.8	无
	CGG-110kV	中国	110	12	12	10	1.55	2.25	无
	CGG-220kV	中国	220	15	15	10	1.65	2.9	无
	CGG-500kV	中国	500	18	18	10	1.68	3.6	无

12　绝缘清扫杆

适用电压等级　　10kV

用途

用于配电线路绝缘杆作业法对绝缘子等部件进行带电清扫。

执行标准

GB 13398　带电作业用空心绝缘管、泡沫填充绝缘管和实心绝缘棒

DL/T 878　带电作业用绝缘工具试验导则

DL/T 976　带电作业工具、装置和设备预防性试验规程

相关标准技术性能要求

1. 清扫杆绝缘部分应采用优质绝缘材料制成，清扫机构应设计合理、连接可靠、操作灵活，无卡阻现象。

2. 机械性能：带电作业绝缘工具应按实际使用工况进行机械强度试验。硬质绝缘工具和软质绝缘工具的安全系数均应不小于 2.5。绝缘杆有效绝缘长度不得低于 0.7m；在型式试验中，静负荷试验应在 2.5 倍额定工作负荷下持续 5min 无变形、无损伤；动负荷试验应在 1.5 倍额定工作负荷下操作 3 次，要求机构动作灵活、无卡阻现象。在预防性试验中，静负荷试验应在 1.2 倍额定工作负荷下持续 1min 无变形、无损伤；动负荷试验应在 1.0 倍额定工作负荷下操作 3 次，要求机构动作灵活、无卡阻现象。

3. 电气性能：

10kV 成 品 试 验

额定电压/kV	试验长度/m	工频耐压试验				泄漏电流试验		
		型式试验		预防性试验（出厂试验）		型式试验		
		试验电压/kV	耐压时间/min	试验电压/kV	耐压时间/min	试验电压/kV	加压时间/min	泄漏电流/mA
10	0.4	100	1	45	1	8	15	<0.5

参考图片及参数

企业名称	型号规格	产地	工频耐受电压/(kV·min⁻¹)	有效绝缘长度/m	绝缘杆节数/单节长度	主要特点	型式试验报告
北京正泽商贸有限公司	567-6	美国	0.3m/100	1.8	1节	U型导线刷	有
江苏恒安电力工具有限公司	HA-QSG	中国	0.4m/100	≥0.7	3节/1.5m	超耐磨、高抗寒、高分子复合毛刷、绝缘传动轴、高强尼龙齿轮转动、手动清洗、重量4kg	无
北京中诚立信电力技术有限公司	HD-JYQSG	中国	0.4m/100	≥0.7	3节/1.5m	—	无
天津市华电电力器材股份有限公司	HD-JYQSG	中国	0.4m/100	≥0.7	3节/1.5m	—	无
西安鑫烁电力科技有限公司	XS-QSG	中国	0.4m/100	≥0.7	3节/1.5m	超耐磨、高抗寒、高分子复合毛刷，一体式绝缘杆、高强尼龙齿轮传动，手动清洗，重量4kg	无

13　绝缘杆式树枝锯（剪）

适用电压等级　10kV

用途

用于绝缘杆作业法带电修剪树枝。

执行标准

GB 13398　带电作业用空心绝缘管、泡沫填充绝缘管和实心绝缘棒

DL/T 878　带电作业用绝缘工具试验导则

DL/T 976　带电作业工具、装置和设备预防性试验规程

相关标准技术性能要求

1. 树枝锯（剪）绝缘部分应用优质绝缘材料制成，锯（剪）机构应设计合理、连接可靠、操作灵活，无卡阻现象。

2. 机械性能：带电作业绝缘工具应按实际使用工况进行机械强度试验。硬质绝缘工具和软质绝缘工具的安全系数均应不小于2.5。绝缘杆有效绝缘长度不得低于0.7m；在型式试验中，静负荷试验应在2.5倍额定工作负荷下持续5min无变形、无损伤；动负荷试验应在1.5倍额定工作负荷下操作3次，要求机构动作灵活、无卡阻现象。在预防性试验中，静负荷试验应在1.2倍额定工作负荷下持续1min无变形、无损伤；动负荷试验应

在 1.0 倍额定工作负荷下操作 3 次，要求机构动作灵活、无卡阻现象。

3. 电气性能：

10kV 成 品 试 验

额定电压 /kV	试验长度 /m	工频耐压试验				泄漏电流试验		
		型式试验		预防性试验（出厂试验）		型式试验		
		试验电压 /kV	耐压时间 /min	试验电压 /kV	耐压时间 /min	试验电压 /kV	加压时间 /min	泄漏电流 /mA
10	0.4	100	1	45	1	8	15	<0.5

参考图片及参数

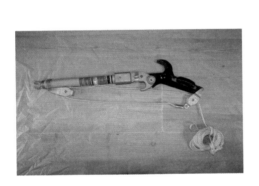
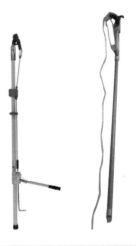

企业名称	型号规格	产地	工频耐受电压 /(kV·min⁻¹)	有效绝缘长度 /m	绝缘杆节数/单节长度	最大切断范围 /mm	最大剪切力 /bar	操作方式	质量 /kg	型式试验报告
北京正泽商贸有限公司	HV-208+10-019	美国	0.3m/100	2.43	5节	38.1	—	手动	2.75	有
	HV-208+A11000	美国	0.3m/100	2.43	5节	—	—	手动	1.5	有
江苏恒安电力工具有限公司	HA-D-GZJ	中国	0.4m/100	≥0.7	1节/(1.8～3.0)m	100	70～140	手动	2.5	无
北京中诚立信电力技术有限公司	LR75/LR88	美国	0.4m/100	≥0.7	1节/(1.5～3.0)m	500	70～140	液压链	4～5.2	无
	HD-DJSJ	中国	0.4m/100	≥0.7	3节/1.5m	300	70	手动	4.5	无
天津市华电电力器材股份有限公司	HD-DJSJ	中国	0.4m/100	≥0.7	3节/1.5m	300	70	手动	4.5	无

续表

企业名称	型号规格	产地	工频耐受电压 /(kV·min⁻¹)	有效绝缘长度 /m	绝缘杆节数/单节长度	最大切断范围 /mm	最大剪切力 /bar	操作方式	质量 /kg	型式试验报告
西安鑫烁电力科技有限公司	XS-SZJ-JYG	中国	0.4m/100	≥0.7	3节/1.5m	300	70	手动	4.5	无
山东泰开电器绝缘有限公司	TKTT-003	中国	0.4m/100	≥0.7	可定制	300	70	手动	4	无

14 绝缘杆式钢锯

适用电压等级　10kV

用途

用于配电线路绝缘杆作业法带电割锯线路上的金属部件。

执行标准

GB 13398　带电作业用空心绝缘管、泡沫填充绝缘管和实心绝缘棒

DL/T 878　带电作业用绝缘工具试验导则

DL/T 976　带电作业工具、装置和设备预防性试验规程

相关标准技术性能要求

1. 绝缘部分采用优质环氧树脂绝缘管材制成，杆头装设钢锯，钢锯角度可根据实际情况调节，绝缘杆长度可根据需要订制。

2. 机械性能：带电作业绝缘工具应按实际使用工况进行机械强度试验。硬质绝缘工具和软质绝缘工具的安全系数均应不小于2.5。绝缘杆有效绝缘长度不得低于0.7m；在型式试验中，静负荷试验应在2.5倍额定工作负荷下持续5min无变形、无损伤；动负荷试验应在1.5倍额定工作负荷下操作3次，要求机构动作灵活、无卡阻现象。在预防性试验中，静负荷试验应在1.2倍额定工作负荷下持续1min无变形、无损伤；动负荷试验应在1.0倍额定工作负荷下操作3次，要求机构动作灵活、无卡阻现象。

3. 电气性能：

10kV 成 品 试 验

额定电压 /kV	试验长度 /m	工频耐压试验				泄漏电流试验		
		型式试验		预防性试验（出厂试验）		型式试验		
		试验电压 /kV	耐压时间 /min	试验电压 /kV	耐压时间 /min	试验电压 /kV	加压时间 /min	泄漏电流 /mA
10	0.4	100	1	45	1	8	15	<0.5

参考图片及参数

企业名称	型号规格	产地	工频耐受电压/(kV·min⁻¹)	有效绝缘长度/m	绝缘杆节数/单节长度	锯头规格/mm	质量/kg	型式试验报告
北京中诚立信电力技术有限公司	M445523	美国	0.4m/100	≥0.7	自选	250	2	无
	HD - JCG - GJ	中国	0.4m/100	≥0.7	3节/1.5m	250	3.25	无
天津市华电电力器材股份有限公司	HD - JCG - GJ	中国	0.4m/100	≥0.7	3节/1.5m	250	3.25	无
西安鑫烁电力科技有限公司	XS - GJ - JYG	中国	0.4m/100	≥0.7	1节/1.7m	250	2	无
山东泰开电器绝缘有限公司	TKTT - 003	中国	0.4m/100	≥0.7	可定制	250	3	无

15　绝缘夹钳

适用电压等级　10kV

用途

用于配电线路绝缘杆作业法带电夹持或固定配电线路引线、线夹、绝缘罩或其他部件。

执行标准

GB 13398　带电作业用空心绝缘管、泡沫填充绝缘管和实心绝缘棒

DL/T 878　带电作业用绝缘工具试验导则

DL/T 976　带电作业工具、装置和设备预防性试验规程

相关标准技术性能要求

1. 绝缘夹钳绝缘部分采用优质环氧树脂绝缘管材及板材制成，按夹持方式分为无锁定、自锁定两种，绝缘夹钳长度可根据需要订制。

2. 机械性能：带电作业绝缘工具应按实际使用工况进行机械强度试验。硬质绝缘工具和软质绝缘工具的安全系数均应不小于 2.5。绝缘杆有效绝缘长度不得低于 0.7m；在型式试验中，静负荷试验应在 2.5 倍额定工作负荷下持续 5min 无变形、无损伤；动负荷试验应在 1.5 倍额定工作负荷下操作 3 次，要求机构动作灵活、无卡阻现象。在预防性试验中，静负荷试验应在 1.2 倍额定工作负荷下持续 1min 无变形、无损伤；动负荷试验应在 1.0 倍额定工作负荷下操作 3 次，要求机构动作灵活、无卡阻现象。

3. 电气性能：

10kV 成 品 试 验

额定电压 /kV	试验长度 /m	工频耐压试验				泄漏电流试验		
		型式试验		预防性试验（出厂试验）		型式试验		
		试验电压 /kV	耐压时间 /min	试验电压 /kV	耐压时间 /min	试验电压 /kV	加压时间 /min	泄漏电流 /mA
10	0.4	100	1	45	1	8	15	<0.5

参考图片及参数

企业名称	型号规格	产地	工频耐受电压 /(kV·min⁻¹)	有效绝缘长度 /m	绝缘杆节数/单节长度	最大开口 /mm	锁定方式	质量 /kg	型式试验报告
西安鑫烁电力科技有限公司	XS-JQ	中国	0.4m/100	≥0.7	1节/1.5m	25	无锁定	1.5	有
江苏恒安电力工具有限公司	HA-JYJQ	中国	0.4m/100	≥0.7	1节/1.5m	25	无锁定	1.5	无

企业名称	型号规格	产地	工频耐受电压/(kV·min⁻¹)	有效绝缘长度/m	绝缘杆节数/单节长度	最大开口/mm	锁定方式	质量/kg	型式试验报告
北京中诚立信电力技术有限公司	HD－ZDJQ	中国	0.4m/100	≥0.7	1节/1.5m	40	自锁定	1.5	无
	C4033068	美国	0.4m/100	≥0.7	1节/1.95m	25～40	自锁定	2.7	无
	HD－JYJQ	中国	0.4m/100	≥0.7	1节/1.5m	30	无锁定	1.5	无
天津市华电电力器材股份有限公司	HD－JYJQ	中国	0.4m/100	≥0.7	1节/1.5m	30	无锁定	1.5	无
	HD－JYJQ－Z	中国	0.4m/100	≥0.7	1节/1.5m	40	自锁定	1.5	无
河北信得利电器设备有限公司	YSJL1903791	中国	35	0.9	1节/1.5m	40	自锁定	1.5	无

16 并沟线夹安装杆

适用电压等级　　10kV

用途

用于配电线路绝缘杆作业法带电接引工作中带电安装并沟线夹。

执行标准

GB 13398　　带电作业用空心绝缘管、泡沫填充绝缘管和实心绝缘棒

DL/T 878　　带电作业用绝缘工具试验导则

DL/T 976　　带电作业工具、装置和设备预防性试验规程

相关标准技术性能要求

1. 线夹安装杆绝缘部分采用优质环氧树脂绝缘管材制成，杆头设有可拆解的并沟线夹安装工具，配合绝缘套筒杆，旋紧并沟线夹紧固螺栓，完成并沟线夹的安装，绝缘杆长度可根据需要订制。

2. 机械性能：带电作业绝缘工具应按实际使用工况进行机械强度试验。硬质绝缘工具和软质绝缘工具的安全系数均应不小于 2.5。绝缘杆有效绝缘长度不得低于 0.7m；在型式试验中，静负荷试验应在 2.5 倍额定工作负荷下持续 5min 无变形、无损伤；动负荷试验应在 1.5 倍额定工作负荷下操作 3 次，要求机构动作灵活、无卡阻现象。在预防性试验中，静负荷试验应在 1.2 倍额定工作负荷下持续 1min 无变形、无损伤；动负荷试验应在 1.0 倍额定工作负荷下操作 3 次，要求机构动作灵活、无卡阻现象。

3. 电气性能：

10kV 成 品 试 验

额定电压 /kV	试验长度 /m	工频耐压试验				泄漏电流试验		
		型式试验		预防性试验（出厂试验）		型式试验		
		试验电压 /kV	耐压时间 /min	试验电压 /kV	耐压时间 /min	试验电压 /kV	加压时间 /min	泄漏电流 /mA
10	0.4	100	1	45	1	8	15	＜0.5

参考图片及参数

 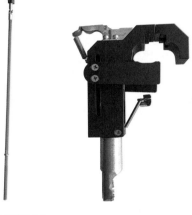

企业名称	型号规格	产地	工频耐受电压 /(kV·min⁻¹)	有效绝缘长度 /m	绝缘杆节数/单节长度	适用并沟线夹规格	质量 /kg	型式试验报告
江苏恒安电力工具有限公司	HA－BGXJG	中国	0.4m/100	≥0.7	2 节/1.5m	可定制	2.5	无
北京中诚立信电力技术有限公司	HD－BGAZ	中国	0.4m/100	≥0.7	3 节/1.2m	各种并沟线夹	3	无
武汉奋进电力技术有限公司	FJXJAZ－Ⅱ	中国	0.3m/100	≥0.7	2 节/(2＋1) m	GULIFA JBK－50－240	2.5	无
天津市华电电力器材股份有限公司	HD－DAZ－BGX	中国	0.4m/100	≥0.7	3 节/1.2m	可定制	3	无
西安鑫烁电力科技有限公司	XS－AZG－BG	中国	0.4m/100	≥0.7	2 节/1.5m	可定制	2.6	无

17　J 型线夹安装杆

适用电压等级　10kV

用途

用于配电线路绝缘杆作业法带电接引工作中带电安装 J 型线夹。

执行标准

GB 13398　带电作业用空心绝缘管、泡沫填充绝缘管和实心绝缘棒

DL/T 878　带电作业用绝缘工具试验导则

DL/T 976　带电作业工具、装置和设备预防性试验规程

相关标准技术性能要求

1. 线夹安装杆绝缘部分采用优质环氧树脂绝缘管材制成，杆头设有特制 J 型线夹固定工具和绝缘套筒，使用电动或棘轮扳手旋紧 J 型线夹紧固螺栓，完成 J 型线夹的安装，绝缘杆长度可根据需要订制。

2. 机械性能：带电作业绝缘工具应按实际使用工况进行机械强度试验。硬质绝缘工具和软质绝缘工具的安全系数均应不小于 2.5。绝缘杆有效绝缘长度不得低于 0.7m；在型式试验中，静负荷试验应在 2.5 倍额定工作负荷下持续 5min 无变形、无损伤；动负荷试验应在 1.5 倍额定工作负荷下操作 3 次，要求机构动作灵活、无卡阻现象。在预防性试验中，静负荷试验应在 1.2 倍额定工作负荷下持续 1min 无变形、无损伤；动负荷试验应在 1.0 倍额定工作负荷下操作 3 次，要求机构动作灵活、无卡阻现象。

3. 电气性能：

10kV 成 品 试 验

额定电压 /kV	试验长度 /m	工频耐压试验				泄漏电流试验		
		型式试验		预防性试验（出厂试验）		型式试验		
		试验电压 /kV	耐压时间 /min	试验电压 /kV	耐压时间 /min	试验电压 /kV	加压时间 /min	泄漏电流 /mA
10	0.4	100	1	45	1	8	15	<0.5

参考图片及参数

企业名称	型号规格	产地	工频耐受电压 /(kV·min⁻¹)	有效绝缘长度 /m	杆长 /m	适用J型线夹规格	质量 /kg	型式试验报告
江苏恒安电力工具有限公司	HA-JXXJG	中国	0.4m/100	≥0.7	2	A型/B型/C型	2	无
北京中诚立信电力技术有限公司	HD-JA-01	中国	0.4m/100	≥0.7	2.5	A型/B型/C型	2	无
武汉奋进电力技术有限公司	FJXJAZ-I	中国	0.3m/100	≥0.7	2.8	JBJ-122/JBJ-355	4.7	无
天津市华电电力器材股份有限公司	HD-DAZ-JXJ	中国	0.4m/100	≥0.7	1.65~2.1	A型/B型/C型	2	无
天津市华电电力器材股份有限公司	HD-DAZ-JXJ	中国	0.4m/100	≥0.7	1.65~2.1	A型/B型/C型	2	无
西安鑫烁电力科技有限公司	XS-AZG-J	中国	0.4m/100	≥0.7	1.65~2.1	A型/B型/C型	2	无

18　弹射楔形线夹安装组杆

适用电压等级　　10kV

用途

用于装配电线路绝缘杆作业法带电接引工作中带电安装弹射楔形线夹。

执行标准

GB 13398　带电作业用空心绝缘管、泡沫填充绝缘管和实心绝缘棒

DL/T 878　带电作业用绝缘工具试验导则

DL/T 976　带电作业工具、装置和设备预防性试验规程

相关标准技术性能要求

1. 安装组杆绝缘部分采用优质环氧树脂绝缘管材制成，由特制楔形线夹安装工具和三支专用绝缘杆组成，利用楔形线夹绝缘杆与楔形线夹专用绝缘工具相互配合，进行楔形线夹的定位、弹射枪击发压紧，完成弹射楔形线夹安装。绝缘杆长度可根据需要订制。

2. 机械性能：带电作业绝缘工具应按实际使用工况进行机械强度试验。硬质绝缘工具和软质绝缘工具的安全系数均应不小于2.5。绝缘杆有效绝缘长度不得低于0.7m；在型式试验中，静负荷试验应在2.5倍额定工作负荷下持续5min无变形、无损伤；动负荷试验应在1.5倍额定工作负荷下操作3次，要求机构动作灵活、无卡阻现象。在预防性试验中，静负荷试验应在1.2倍额定工作负荷下持续1min无变形、无损伤；动负荷试验应在1.0倍额定工作负荷下操作3次，要求机构动作灵活、无卡阻现象。

3. 电气性能：

10kV 成品试验

额定电压 /kV	试验长度 /m	工频耐压试验				泄漏电流试验		
		型式试验		预防性试验（出厂试验）		型式试验		
		试验电压 /kV	耐压时间 /min	试验电压 /kV	耐压时间 /min	试验电压 /kV	加压时间 /min	泄漏电流 /mA
10	0.4	100	1	45	1	8	15	<0.5

参考图片及参数

企业名称	型号规格	产地	工频耐受电压 /(kV·min⁻¹)	有效绝 缘长度 /m	杆长 /m	组杆组 合方式	质量 /kg	型式 试验 报告
江苏恒安电力 工具有限公司	HA-QXXJ	中国	0.4m/100	≥0.7	1.5	万能梅花头	2.5	无
北京中诚立信 电力技术有限公司	HD-TXAZ	中国	0.4m/100	≥0.7	1.5	万能梅花头	12	无
天津市华电电力 器材股份有限公司	HD-DAZ-CXJ	中国	0.4m/100	≥0.7	1.5	万能梅花头	12	无
西安鑫烁电力 科技有限公司	XS-AZZG-SQ	中国	0.4m/100	≥0.7	1.5	万能梅花头	12	无

19　线夹绝缘罩安装杆

适用电压等级　　10kV

用途

用于配电线路绝缘杆作业法带电恢复线夹的绝缘。

执行标准

GB 13398　　带电作业用空心绝缘管、泡沫填充绝缘管和实心绝缘棒

DL/T 878　带电作业用绝缘工具试验导则

DL/T 976　带电作业工具、装置和设备预防性试验规程

相关标准技术性能要求

1. 线夹绝缘罩安装杆绝缘部分采用优质环氧树脂绝缘管材制成，绝缘杆端头设有可拆解的线夹绝缘罩安装工具，利用两用操作杆和绝缘夹钳相互配合，完成自粘接线夹绝缘罩的安装。结构设计应合理，连接部位应灵活，无卡阻现象。

2. 机械性能：带电作业绝缘工具应按实际使用工况进行机械强度试验。硬质绝缘工具和软质绝缘工具的安全系数均应不小于2.5。绝缘杆有效绝缘长度不得低于0.7m；在型式试验中，静负荷试验应在2.5倍额定工作负荷下持续5min无变形、无损伤；动负荷试验应在1.5倍额定工作负荷下操作3次，要求机构动作灵活、无卡阻现象。在预防性试验中，静负荷试验应在1.2倍额定工作负荷下持续1min无变形、无损伤；动负荷试验应在1.0倍额定工作负荷下操作3次，要求机构动作灵活、无卡阻现象。

3. 电气性能：

10kV 成 品 试 验

额定电压 /kV	试验长度 /m	工频耐压试验				泄漏电流试验		
		型式试验		预防性试验（出厂试验）		型式试验		
		试验电压 /kV	耐压时间 /min	试验电压 /kV	耐压时间 /min	试验电压 /kV	加压时间 /min	泄漏电流 /mA
10	0.4	100	1	45	1	8	15	<0.5

参考图片及参数

企业名称	型号规格	产地	工频耐受电压 /(kV·min^{-1})	有效绝缘长度 /m	绝缘杆节数/单节长度	适用线夹绝缘罩型式	质量 /kg	型式试验报告
江苏恒安电力工具有限公司	HA-XJG	中国	0.4m/100	≥0.7	1节/2.5m	J型	1.5	无

续表

企业名称	型号规格	产地	工频耐受电压/(kV·min⁻¹)	有效绝缘长度/m	绝缘杆节数/单节长度	适用线夹绝缘罩型式	质量/kg	型式试验报告
北京中诚立信电力技术有限公司	HD-HZAG	中国	0.4m/100	≥0.7	1节/(1.5~2.2)m	J型、弹射楔形、H型、并沟、电缆桩头、导线破口处软质绝缘护罩	1.5	无
天津市华电电力器材股份有限公司	HD-DAZ-JZ	中国	0.4m/100	≥0.7	1节/(1.5~2.2)m	J型、弹射楔形、H型、并沟、电缆桩头、导线破口处软质绝缘罩	1.5	无
西安鑫烁电力科技有限公司	XS-AZG-XJZ	中国	0.4m/100	≥0.7	1节/(1.5~2.2)m	J型、弹射楔形、H型、并沟、电缆桩头、导线破口处软质绝缘罩	1.5	无

20 绝缘杆式绕线器

适用电压等级 10kV

用途

用于配电线路绝缘杆作业法带电接引流线。

执行标准

GB 13398 带电作业用空心绝缘管、泡沫填充绝缘管和实心绝缘棒

DL/T 878 带电作业用绝缘工具试验导则

DL/T 976 带电作业工具、装置和设备预防性试验规程

相关标准技术性能要求

1. 绕线器绝缘部分采用优质环氧树脂绝缘管材制成，杆头设有可拆解的绕线器，利用绑线缠绕的方式进行引流线的搭接。绝缘杆长度可根据需要订制。

2. 机械性能：带电作业绝缘工具应按实际使用工况进行机械强度试验。硬质绝缘工具和软质绝缘工具的安全系数均应不小于2.5。绝缘杆有效绝缘长度不得低于0.7m；在型式试验中，静负荷试验应在2.5倍额定工作负荷下持续5min无变形、无损伤；动负荷试验应在1.5倍额定工作负荷下操作3次，要求机构动作灵活、无卡阻现象。在预防性试验中，静负荷试验应在1.2倍额定工作负荷下持续1min无变形、无损伤；动负荷试验应在1.0倍额定工作负荷下操作3次，要求机构动作灵活、无卡阻现象。

3. 电气性能：

10kV 成 品 试 验

额定电压 /kV	试验长度 /m	工频耐压试验				泄漏电流试验		
		型式试验		预防性试验（出厂试验）		型式试验		
		试验电压 /kV	耐压时间 /min	试验电压 /kV	耐压时间 /min	试验电压 /kV	加压时间 /min	泄漏电流 /mA
10	0.4	100	1	45	1	8	15	<0.5

参考图片及参数

企业名称	型号规格	产地	工频耐受电压 /(kV·min⁻¹)	有效绝缘长度 /m	绝缘杆节数/单节长度	适用绑线材料及线径	质量 /kg	型式试验报告
上海凡扬电力器具有限公司	FY-R	中国	0.4m/100	≥0.7	1节/3.0m	铜、铝绑线，线径300mm及以下	2.5	无
台州市信诺绝缘制品厂	RXQ	中国	0.4m/100	≥0.7	1节/(0.9～1.8)m	铜、铝绑线，线径300mm及以下	2.3	无
泰州市华电电力机械有限公司	TZHD-RXQ	中国	0.4m/100	≥0.7	1节/2.5m	铜、铝绑线，线径300mm及以下	1.2	无
天津市华电电力器材厂	HD-JCG-RXQ	中国	0.4m/100	≥0.7	3节/1.2m	铜、铝绑线，线径300mm及以下	2.9	无
烟台博瑞齐达电力绝缘器材有限公司	BRB-02	中国	0.4m/100	≥0.7	2节/1.0m	铜、铝绑线，线径300mm及以下	2.2	无

21　绝缘遮蔽罩装拆杆

适用电压等级　　10kV

用途

用于配电线路绝缘杆作业法带电安装、拆除绝缘遮蔽用具。

执行标准

GB 13398　带电作业用空心绝缘管、泡沫填充绝缘管和实心绝缘棒

DL/T 878　带电作业用绝缘工具试验导则

DL/T 976　带电作业工具、装置和设备预防性试验规程

相关标准技术性能要求

1. 绝缘遮蔽罩装拆杆绝缘部分采用优质绝缘材料制成，利用端部安装的附件，完成安装、拆除带电作业用绝缘遮蔽用具；绝缘杆长度可根据需要订制。

2. 机械性能：带电作业绝缘工具应按实际使用工况进行机械强度试验。硬质绝缘工具和软质绝缘工具的安全系数均应不小于2.5。绝缘杆有效绝缘长度不得低于0.7m；在型式试验中，静负荷试验应在2.5倍额定工作负荷下持续5min无变形、无损伤；动负荷试验应在1.5倍额定工作负荷下操作3次，要求机构动作灵活、无卡阻现象。在预防性试验中，静负荷试验应在1.2倍额定工作负荷下持续1min无变形、无损伤；动负荷试验应在1.0倍额定工作负荷下操作3次，要求机构动作灵活、无卡阻现象。

3. 电气性能：

10kV 成 品 试 验

额定电压 /kV	试验长度 /m	工频耐压试验				泄漏电流试验		
		型式试验		预防性试验（出厂试验）		型式试验		
		试验电压 /kV	耐压时间 /min	试验电压 /kV	耐压时间 /min	试验电压 /kV	加压时间 /min	泄漏电流 /mA
10	0.4	100	1	45	1	8	15	<0.5

参考图片及参数

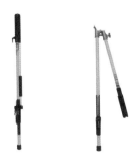

企业名称	型号规格	产地	工频耐受电压 /(kV·min⁻¹)	有效绝缘长度 /m	绝缘杆节数/单节长度	适用绝缘遮蔽罩形式	质量 /kg	型式试验报告
北京正泽商贸有限公司	8104	美国	0.3m/100	1.4	1节	符合 ASTM 标准的各类遮蔽罩	2.0	有
	8106	美国	0.3m/100	2.0	1节	符合 ASTM 标准的各类遮蔽罩	2.4	有
	8108	美国	0.3m/100	2.6	1节	符合 ASTM 标准的各类遮蔽罩	2.9	有
	8110	美国	0.3m/100	3.2	1节	符合 ASTM 标准的各类遮蔽罩	3.3	有
	8158	美国	0.3m/100	1.55/ 2.0/ 2.43	1节/2.5m	符合 ASTM 标准的各类遮蔽罩	2.6	有
	13413	美国	0.3m/100	2.6	1节/2.5m	符合 ASTM 标准的各类遮蔽罩	3.7	有
	81－534	美国	0.3m/100	1.5/ 2.7/ 3.9	—	符合 ASTM 标准的各类遮蔽罩	5.13	有
江苏恒安电力工具有限公司	HA－ZBZG	中国	0.4m/100	≥0.7	2节	软质、硬质	1	无
北京中诚立信电力技术有限公司	H17603	美国	0.3m/100	≥0.7	1节/1.8m	—	1.4	无
	HD－JCG－ZBZC	中国	0.4m/100	≥0.7	1节/ (1.5～2.2)m	导线遮蔽罩、绝缘子遮蔽罩、横担遮蔽罩等	1	无
天津市华电电力器材股份有限公司	HD－JCG－ZBZC	中国	0.4m/100	≥0.7	1节/ (1.5～2.2)m	导线遮蔽罩、绝缘子遮蔽罩、横担遮蔽罩等	1.0	无
西安鑫烁电力科技有限公司	XS－ZCG－ZBZ	中国	0.1m/100	≥0.7	1节/ (1.5～2)m	软质/硬质遮蔽罩	1.2	无

22　故障指示器装拆杆

适用电压等级　　10kV

用途

　　用于配电线路绝缘杆作业法带电安装、拆除故障指示器。

执行标准

GB 13398　带电作业用空心绝缘管、泡沫填充绝缘管和实心绝缘棒
DL/T 878　 带电作业用绝缘工具试验导则
DL/T 976　 带电作业工具、装置和设备预防性试验规程

相关标准技术性能要求

1. 故障指示器装拆杆绝缘部分采用优质绝缘管材制成，由数根绝缘杆接续达到要求的长度，利用端部安装的附件，完成故障指示器的安装、拆除工作；绝缘杆长度可根据需要订制。

2. 机械性能：带电作业绝缘工具应按实际使用工况进行机械强度试验。硬质绝缘工具和软质绝缘工具的安全系数均应不小于2.5。绝缘杆有效绝缘长度不得低于0.7m；在型式试验中，静负荷试验应在2.5倍额定工作负荷下持续5min无变形、无损伤；动负荷试验应在1.5倍额定工作负荷下操作3次，要求机构动作灵活、无卡阻现象。在预防性试验中，静负荷试验应在1.2倍额定工作负荷下持续1min无变形、无损伤；动负荷试验应在1.0倍额定工作负荷下操作3次，要求机构动作灵活、无卡阻现象。

3. 电气性能：

10kV 成品试验

额定电压 /kV	试验长度 /m	工频耐压试验				泄漏电流试验		
		型式试验		预防性试验（出厂试验）		型式试验		
		试验电压 /kV	耐压时间 /min	试验电压 /kV	耐压时间 /min	试验电压 /kV	加压时间 /min	泄漏电流 /mA
10	0.4	100	1	45	1	8	15	<0.5

参考图片及参数

企业名称	型号规格	产地	工频耐受电压 /(kV·min⁻¹)	有效绝缘长度 /m	绝缘杆节数/单节长度	适用故障指示灯形式	质量 /kg	型式试验报告
江苏恒安电力工具有限公司	HA-GZG	中国	0.4m/100	≥0.7	1节/2.5m	悬挂式	2	无

续表

企业名称	型号规格	产地	工频耐受电压/(kV·min⁻¹)	有效绝缘长度/m	绝缘杆节数/单节长度	适用故障指示灯形式	质量/kg	型式试验报告
北京中诚立信电力技术有限公司	HD-DAZ-GZXQ	中国	0.4m/100	≥0.7	1节/2m	悬挂式	2	无
天津市华电电力器材股份有限公司	HD-DAZ-GZXQ	中国	0.4m/100	≥0.7	1节/2m	悬挂式	2	无
西安鑫烁电力科技有限公司	XS-ZCG-GZQ	中国	0.1m/100	≥0.7	1节/1.5m	软质/硬质遮蔽罩	1	无

23 驱鸟器装拆杆

适用电压等级　　10kV

用途

　　用于配电线路绝缘杆作业法带电安装、拆除驱鸟器。

执行标准

　　GB 13398　带电作业用空心绝缘管、泡沫填充绝缘管和实心绝缘棒
　　DL/T 878　带电作业用绝缘工具试验导则
　　DL/T 976　带电作业工具、装置和设备预防性试验规程

相关标准技术性能要求

　　1. 驱鸟器装拆杆绝缘部分采用优质绝缘管材制成，由数根绝缘杆接续达到要求的长度，利用端部安装的附件，完成驱鸟器的安装、拆除工作；绝缘杆长度可根据需要订制。

　　2. 机械性能：带电作业绝缘工具应按实际使用工况进行机械强度试验。硬质绝缘工具和软质绝缘工具的安全系数均应不小于2.5。绝缘杆有效绝缘长度不得低于0.7m；在型式试验中，静负荷试验应在2.5倍额定工作负荷下持续5min无变形、无损伤；动负荷试验应在1.5倍额定工作负荷下操作3次，要求机构动作灵活、无卡阻现象。在预防性试验中，静负荷试验应在1.2倍额定工作负荷下持续1min无变形、无损伤；动负荷试验应在1.0倍额定工作负荷下操作3次，要求机构动作灵活、无卡阻现象。

　　3. 电气性能：

10kV 成 品 试 验

额定电压/kV	试验长度/m	工频耐压试验				泄漏电流试验		
		型式试验		预防性试验（出厂试验）		型式试验		
		试验电压/kV	耐压时间/min	试验电压/kV	耐压时间/min	试验电压/kV	加压时间/min	泄漏电流/mA
10	0.4	100	1	45	1	8	15	<0.5

参考图片及参数

企业名称	型号规格	产地	工频耐受电压 /(kV · min^{-1})	有效绝缘长度 /m	绝缘杆节数/ 单节长度	适用驱鸟器形式	型式试验报告
江苏恒安电力工具有限公司	HA－QNG	中国	0.4m/100	≥0.7	3节/1.5m	风车	无
北京中诚立信电力技术有限公司	HD－JCG－QNQ	中国	0.4m/100	≥0.7	3节/1.5m	风车	无
天津市华电电力器材股份有限公司	HD－JCG－QNQ	中国	0.4m/100	≥0.7	3节/1.5m	风车	无

24 绝缘支撑杆

适用电压等级 10kV

用途

用于配电线路绝缘杆作业法带电更换直线绝缘子作业。

执行标准

GB 13398 带电作业用空心绝缘管、泡沫填充绝缘管和实心绝缘棒
DL/T 878 带电作业用绝缘工具试验导则
DL/T 976 带电作业工具、装置和设备预防性试验规程

相关标准技术性能要求

1. 绝缘支撑杆绝缘部分采用优质绝缘材料制成，利用配置的杆上固定器固定在电杆上，配合拉杆完成配电线路导线的临时固定。一般用于绝缘杆作业法带电更换直线绝缘子

作业；绝缘杆长度可根据需要订制。

2. 机械性能：带电作业绝缘工具应按实际使用工况进行机械强度试验。硬质绝缘工具和软质绝缘工具的安全系数均应不小于2.5。绝缘杆有效绝缘长度不得低于0.7m；在型式试验中，静负荷试验应在2.5倍额定工作负荷下持续5min无变形、无损伤；动负荷试验应在1.5倍额定工作负荷下操作3次，要求机构动作灵活、无卡阻现象。在预防性试验中，静负荷试验应在1.2倍额定工作负荷下持续1min无变形、无损伤；动负荷试验应在1.0倍额定工作负荷下操作3次，要求机构动作灵活、无卡阻现象。

3. 电气性能：

10kV 成品试验

额定电压 /kV	试验长度 /m	工频耐压试验				泄漏电流试验		
		型式试验		预防性试验（出厂试验）		型式试验		
		试验电压 /kV	耐压时间 /min	试验电压 /kV	耐压时间 /min	试验电压 /kV	加压时间 /min	泄漏电流 /mA
10	0.4	100	1	45	1	8	15	<0.5

参考图片及参数

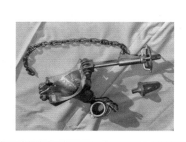  

企业名称	型号规格	产地	工频耐受电压 /(kV·min⁻¹)	有效绝缘长度 /m	杆长 /mm	额定支撑能力 /kN	安装方式	质量 /kg	型式试验报告
西安鑫烁电力科技有限公司	XS-QNQZCG	中国	0.4m/100	≥0.7	—	—	—	—	无

25 绝缘抱杆

适用电压等级

10kV

用途

用于配电线路绝缘杆作业法带电更换直线杆中间相绝缘子等。

执行标准

GB 13398　　带电作业用空心绝缘管、泡沫填充绝缘管和实心绝缘棒

DL/T 878　　带电作业绝缘工具试验导则

DL/T 976　带电作业工具、装置和设备预防性试验规程

相关标准技术性能要求

1. 绝缘抱杆绝缘部分采用优质绝缘材料制成，利用配置的杆上固定器固定在电杆上，完成配电线路导线的临时固定。一般用于绝缘杆作业法带电更换直线绝缘子作业；绝缘杆长度可根据需要订制。

2. 机械性能：带电作业绝缘工具应按实际使用工况进行机械强度试验。硬质绝缘工具和软质绝缘工具的安全系数均应不小于2.5。绝缘杆有效绝缘长度不得低于0.7m；在型式试验中，静负荷试验应在2.5倍额定工作负荷下持续5min无变形、无损伤；动负荷试验应在1.5倍额定工作负荷下操作3次，要求机构动作灵活、无卡阻现象。在预防性试验中，静负荷试验应在1.2倍额定工作负荷下持续1min无变形、无损伤；动负荷试验应在1.0倍额定工作负荷下操作3次，要求机构动作灵活、无卡阻现象。

3. 电气性能：

10kV 成 品 试 验

额定电压 /kV	试验长度 /m	工频耐压试验				泄漏电流试验		
		型式试验		预防性试验（出厂试验）		型式试验		
		试验电压 /kV	耐压时间 /min	试验电压 /kV	耐压时间 /min	试验电压 /kV	加压时间 /min	泄漏电流 /mA
10	0.4	100	1	45	1	8	15	<0.5

参考图片及参数

企业名称	型号规格	产地	工频耐受电压 /(kV·min⁻¹)	有效绝缘长度 /m	杆长 /m	额定载荷 /kN	导线最大提升高度 /m	安装方式	质量 /kg	型式试验报告
江苏恒安电力工具有限公司	HA－JYBG	中国	0.4m/100	≥0.7	2	10	0.7	紧固式	3.5	无
北京中诚立信电力技术有限公司	HD－JBG	中国	0.4m/100	≥0.7	2	3	0.7	—	4	无
天津市华电电力器材股份有限公司	HD－JBG	中国	0.4m/100	≥0.7	2.0	3	0.7	—	4.0	无
西安鑫烁电力科技有限公司	XS－JYZCG	中国	0.4m/100	≥0.7	3	20				无

26 绝缘拉杆（板）

适用电压等级　10kV

用途

用于绝缘杆作业法带电更换直线杆绝缘子作业等。

执行标准

GB 13398　带电作业用空心绝缘管、泡沫填充绝缘管和实心绝缘棒

DL/T 878　带电作业绝缘工具试验导则

DL/T 976　带电作业工具、装置和设备预防性试验规程

相关标准技术性能要求

1. 绝缘拉杆绝缘部分采用优质绝缘材料制成，利用配置的杆上固定器固定在电杆上，配合支撑杆完成配电线路导线的临时固定。一般用于绝缘杆作业法带电更换直线绝缘子作业；绝缘杆长度可根据需要订制。

2. 机械性能：带电作业绝缘工具应按实际使用工况进行机械强度试验。硬质绝缘工具和软质绝缘工具的安全系数均应不小于 2.5。绝缘杆有效绝缘长度不得低于 0.7m；在型式试验中，静负荷试验应在 2.5 倍额定工作负荷下持续 5min 无变形、无损伤；动负荷试验应在 1.5 倍额定工作负荷下操作 3 次，要求机构动作灵活、无卡阻现象。在预防性试验中，静负荷试验应在 1.2 倍额定工作负荷下持续 1min 无变形、无损伤；动负荷试验应在 1.0 倍额定工作负荷下操作 3 次，要求机构动作灵活、无卡阻现象。

3. 电气性能：

10kV 成 品 试 验

额定电压 /kV	试验长度 /m	工频耐压试验				泄漏电流试验		
		型式试验		预防性试验（出厂试验）		型式试验		
		试验电压 /kV	耐压时间 /min	试验电压 /kV	耐压时间 /min	试验电压 /kV	加压时间 /min	泄漏电流 /mA
10	0.4	100	1	45	1	8	15	<0.5

参考图片及参数

企业名称	型号规格	产地	工频耐受电压 /(kV·min⁻¹)	有效绝缘长度 /m	杆长 /m	额定载荷 /kN	质量 /kg	型式试验报告	备注
江苏恒安电力工具有限公司	HA－LB	中国	0.4m/100	≥0.7	2	2	2.5	无	可定制长度
北京中诚立信电力技术有限公司	HD－JLG	中国	0.4m/100	≥0.7	2.5	2	3	—	—
天津市华电电力器材股份有限公司	HD－JLG	中国	0.4m/100	≥0.7	2.5	2	3	无	—
西安鑫烁电力科技有限公司	XS－JYLG	中国	0.4m/100	≥0.7	0.4	2	2.5	无	适合带电更换耐张绝缘子，板长满足对地距离的要求

27 绝缘紧线器

适用电压等级 10kV

用途

1. 采用绝缘手套作业法，将软质绝缘紧线器一段安装在固定构件上，另一端安装在导线上，操作手柄收紧导线。

2. 采用绝缘手套、绝缘杆作业法，将硬质绝缘紧线器安装在导线上，用于收紧导线，便于下一步临时切断导线。

执行标准

GB 13398　　带电作业用空心绝缘管、泡沫填充绝缘管和实心绝缘棒

GB/T 18037　带电作业工具基本技术要求与设计导则

DL/T 878　　带电作业用绝缘工具试验导则

DL/T 976　带电作业工具、装置和设备预防性试验规程

相关标准技术性能要求

1. 机械性能：绝缘绳索的抗张强度为桑蚕丝绳不小于 $9000N/cm^2$、锦纶丝绳不小于 $11000N/cm^2$。

2. 其他性能：双向棘轮扣，安全可靠；双向操作，转换简便，松紧自如；高强度材料机身，重量轻且坚固耐用。

3. 电气性能：

10kV 成 品 试 验

额定电压 /kV	试验长度 /m	工频耐压试验				泄漏电流试验		
		型式试验		预防性试验（出厂试验）		型式试验		
		试验电压 /kV	耐压时间 /min	试验电压 /kV	耐压时间 /min	试验电压 /kV	加压时间 /min	泄漏电流 /mA
10	0.4	100	1	45	1	8	15	<0.5

参考图片及参数

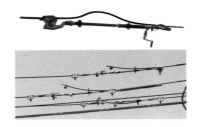

企业名称	型号规格	产地	工频耐受电压 /(kV·min⁻¹)	有效绝缘长度 /m	额定拉力 /kN	伸缩范围 /mm	质量 /kg	适用导线截面 /mm²	型式试验报告
江苏恒安电力工具有限公司	HA－JYJXQ	中国	0.4m/100	≥0.7	15	0～350	6	70～240	无
广州同希机电工程有限公司	N－1500	中国（台湾）	0.4m/100	1.8	15	450～1300	4.5	70～240	无
	WS－1500	中国（台湾）	0.4m/100	1.8	15	450～1300	4.5	70～240	无
北京中诚立信电力技术有限公司	HD－JJXQ	中国	0.4m/100	≥0.7	15	0～350	7	70～240	无
	PSC3090323	美国	0.3m/100	≥0.7	20	400～1200	5.7	50～240	无

企业名称	型号规格	产地	工频耐受电压/(kV·min⁻¹)	有效绝缘长度/m	额定拉力/kN	伸缩范围/mm	质量/kg	适用导线截面/mm²	型式试验报告
天津市华电电力器材股份有限公司	HD-JJXQ	中国	0.4m/100	≥0.7	15	0～350	7.0	70～240	无
西安鑫烁电力科技有限公司	XS-JXQ	中国	0.4m/100	≥0.7	15	0～350	7	70～240	无

28 斗臂车用绝缘横担

适用电压等级 10kV

用途

利用绝缘斗臂车采用绝缘手套作业法将带电导线固定在绝缘横担专用线槽内，托举三相带电导线至安全距离。

执行标准

GB 13398 带电作业用空心绝缘管、泡沫填充绝缘管和实心绝缘棒
DL/T 878 带电作业用绝缘工具试验导则
DL/T 976 带电作业工具、装置和设备预防性试验规程

相关标准技术性能要求

1. 绝缘横担绝缘部分采用优质环氧树脂绝缘管材制成，根部设有与绝缘斗臂车绝缘臂连接的固定接口，将绝缘横担安装在绝缘臂上，将带电导线固定在绝缘横担专用线槽内，托举三相带电导线至安全距离。

2. 机械性能：带电作业绝缘工具应按实际使用工况进行机械强度试验。硬质绝缘工具和软质绝缘工具的安全系数均应不小于 2.5。绝缘杆有效绝缘长度不得低于 0.7m；在型式试验中，静负荷试验应在 2.5 倍额定工作负荷下持续 5min 无变形、无损伤；动负荷试验应在 1.5 倍额定工作负荷下操作 3 次，要求机构动作灵活、无卡阻现象。在预防性试验中，静负荷试验应在 1.2 倍额定工作负荷下持续 1min 无变形、无损伤；动负荷试验应在 1.0 倍额定工作负荷下操作 3 次，要求机构动作灵活、无卡阻现象。

3. 电气性能：

10kV 成品试验

额定电压/kV	试验长度/m	工频耐压试验				泄漏电流试验		
		型式试验		预防性试验（出厂试验）		型式试验		
		试验电压/kV	耐压时间/min	试验电压/kV	耐压时间/min	试验电压/kV	加压时间/min	泄漏电流/mA
10	0.4	100	1	45	1	8	15	<0.5

参考图片及参数

企业名称	型号规格	产地	工频耐受电压 /(kV·min⁻¹)	垂直荷重 /kN	安装位置	线槽结构型式	水平长度 /m	质量 /kg	型式试验报告
江苏恒安电力工具有限公司	HA-JYHD	中国	0.4m/100	≥0.7	斗臂车车臂	U型	2	20	无
北京中诚立信电力技术有限公司	13128	美国	0.3m/100	4.5	绝缘大臂	U型	2.7	16.7	无
	C4000752	美国	0.3m/100	4.5	斗臂车车臂	U型	2.7	58.5	无
	HD-JYHD-C	中国	0.4m/100	1.5	斗臂车车臂	U型	2	20	无
天津市华电电力器材股份有限公司	HD-JYHD-C	中国	0.4m/100	1.5	斗臂车车臂	U型	2	20	无
西安鑫烁电力科技有限公司	XS-DBHD	中国	0.4m/100	1.5	斗臂车车臂	U型	2	20	无

29　绝缘横担

适用电压等级　10kV

用途

采用绝缘手套作业法将绝缘横担安装在电杆合适位置上，将导线提升至安全距离。

执行标准

GB 13398　带电作业用空心绝缘管、泡沫填充绝缘管和实心绝缘棒

DL/T 878　带电作业用绝缘工具试验导则

DL/T 976　带电作业工具、装置和设备预防性试验规程

相关标准技术性能要求

1. 绝缘横担绝缘部分采用优质环氧树脂绝缘管材制成，配有柱上快装固定器，将绝缘横担安装在电杆上，将带电导线固定在绝缘横担专用线槽内，将导线提升至安全距离。

2. 机械性能：带电作业绝缘工具应按实际使用工况进行机械强度试验。硬质绝缘工

具和软质绝缘工具的安全系数均应不小于 2.5。绝缘杆有效绝缘长度不得低于 0.7m；在型式试验中，静负荷试验应在 2.5 倍额定工作负荷下持续 5min 无变形、无损伤；动负荷试验应在 1.5 倍额定工作负荷下操作 3 次，要求机构动作灵活、无卡阻现象。在预防性试验中，静负荷试验应在 1.2 倍额定工作负荷下持续 1min 无变形、无损伤；动负荷试验应在 1.0 倍额定工作负荷下操作 3 次，要求机构动作灵活、无卡阻现象。

　3. 电气性能：

10kV 成 品 试 验

额定电压 /kV	试验长度 /m	工频耐压试验				泄漏电流试验		
		型式试验		预防性试验（出厂试验）		型式试验		
		试验电压 /kV	耐压时间 /min	试验电压 /kV	耐压时间 /min	试验电压 /kV	加压时间 /min	泄漏电流 /mA
10	0.4	100	1	45	1	8	15	<0.5

参考图片及参数

企业名称	型号规格	产地	工频耐受电压 /(kV·min⁻¹)	垂直荷重 /kN	水平荷重 /kN	安装位置	线槽结构型式	水平长度 /m	质量 /kg	型式试验报告
北京正泽商贸有限公司	5018	美国	0.3m/100	91	91	电线杆	可调节式	863	6.4	有
	5020	美国	0.3m/100	68	68	电线杆	可调节式	1232	7.7	有
	5038	美国	0.3m/100	91	91	电线杆	可调节式	863	5.5	有
	5040	美国	0.3m/100	68	68	电线杆	可调节式	1232	6.8	有
江苏恒安电力工具有限公司	HA-JYHD-G	中国	0.4m/100	≥0.7	0.7	抱杆	U 型	1500	5.5	无
北京中诚立信电力技术有限公司	C4000075	美国	0.3m/100	2.7	0.65	抱杆	U 型	3000	14.9	无
	HD-JYHD-G	中国	0.4m/100	1.5	0.7	抱杆	自锁	2350	18	无
	HD-JYHD-GD	中国	0.4m/100	1.5	0.7	杆顶	自锁	1500	15	无
天津市华电电力器材股份有限公司	HD-JYHD-G	中国	0.4m/100	1.5	0.7	抱杆	自锁	2350	18	无
	HD-JYHD-GD	中国	0.4m/100	1.5	0.7	杆顶	自锁	1990	15	无
西安鑫烁电力科技有限公司	XS-JYHD1	中国	0.4m/100	1.5	0.7	抱杆	自锁	2350	18	无
	XS-JYHD2	中国	0.4m/100	1.5	0.7	杆顶	自锁	1990	15	无

30 绝缘保险绳

适用电压等级　10kV

用途

带电作业人员在高处作业时，与安全带配合使用，为作业人员提供双重保护。

执行标准

GB 13035　带电作业用绝缘绳索

DL/T 878　带电作业用绝缘工具试验导则

DL/T 976　带电作业工具、装置和设备预防性试验规程

相关标准技术性能要求

1. 绝缘绳索由天然纤维材料或合成纤维材料制成，在干燥状态下具有良好的电气绝缘性能。采用脱胶不少于 25％，且洁白、无杂质、长纤维的蚕丝为原材料；采用聚己内酰胺（锦纶6）等或其他满足电气、机械性能及防老化要求的合成纤维为原材料。

2. 机械性能：不同规格型号下的伸长率和断裂强度不小于 GB 13035 规程要求。

3. 电气性能：取 0.5m 有效长度，施加工频电压 100kV 时高湿度下（相对湿度 90％，温度 20℃，24h）交流泄漏电流应小于 300μA；工频干闪电压应不小于 170kV。

10kV 成品试验

额定电压/kV	试验长度/m	工频耐压试验				泄漏电流试验		
		型式试验		预防性试验（出厂试验）		型式试验		
		试验电压/kV	耐压时间/min	试验电压/kV	耐压时间/min	试验电压/kV	加压时间/min	泄漏电流/μA
10	0.5	100	1	45	1	170	15	＜300

参考图片及参数

企业名称	型号规格	材质	性能	直径/mm	长度/m	型式试验报告
西安鑫烁电力科技有限公司	XS-AQS-10	蚕丝，纤维	防潮、高强	10	2.2	有
	XS-AQS-12	蚕丝，纤维	防潮、高强	12	2.2	有
	XS-AQS-14	蚕丝，纤维	防潮、高强	14	2.2	有
	XS-AQS-16	蚕丝，纤维	防潮、高强	16	2.2	有
江苏恒安电力工具有限公司	HA-TJS-06	蚕丝	防潮	6	可定制	无
	HA-TJS-08	蚕丝	防潮	8	可定制	无
	HA-TJS-10	蚕丝	防潮	10	可定制	无
	HA-TJS-12	蚕丝	防潮	12	可定制	无
	HA-TJS-14	蚕丝	防潮	14	可定制	无
	HA-TJS-16	蚕丝	防潮	16	可定制	无
	HA-TJS-18	蚕丝	防潮	18	可定制	无
	HA-TJS-20	蚕丝	防潮	20	可定制	无
	HA-TJS-22	蚕丝	防潮	22	可定制	无
	HA-TJS-24	蚕丝	防潮	24	可定制	无
北京中诚立信电力技术有限公司	HD-FCS-16	防潮蚕丝	防潮	16	3（可定制）	无
	HD-CS-16	蚕丝	—	16	3（可定制）	无
	HD-FJL-16	防潮锦纶	防潮、高强	16	3（可定制）	无
	HD-JL-16	锦纶	高强	16	3（可定制）	无
天津市华电电力器材股份有限公司	HD-FCS-16	防潮蚕丝	防潮	16	3（可定制）	无
	HD-CS-16	蚕丝	—	16	3（可定制）	无
	HD-FJL-16	防潮锦纶	防潮、高强	16	3（可定制）	无
	HD-JL-16	锦纶	高强	16	3（可定制）	无

31　绝缘传递绳

适用电压等级　　10kV

用途

用于带电作业时传递工具及材料等。

执行标准

GB 13035　带电作业用绝缘绳索

DL/T 878　带电作业用绝缘工具试验导则

DL/T 976　带电作业工具、装置和设备预防性试验规程

相关标准技术性能要求

1. 绝缘传递绳由天然纤维材料或合成纤维材料制成，在干燥状态下具有良好的电气绝缘性能。采用脱胶不少于 25％，且洁白、无杂质、长纤维的蚕丝为原材料；采用聚己内酰胺（锦纶6）等或其他满足电气、机械性能及防老化要求的合成纤维为原材料。

2. 机械性能：不同规格型号下的伸长率和断裂强度不小于 GB 13035 规程要求。

3. 电气性能：

常规型绝缘绳索的电气性能

序号	试 验 项 目	试品有效长度/m	电气性能要求
1	施加工频电压100kV时高湿度下交流泄漏电流（相对湿度90％，温度20℃保持24h，试品长度0.5m）	0.5	≤300μA
2	工频干闪电压	0.5	≥170kV

防潮型绝缘绳索的电气性能

序号	试 验 项 目	试品有效长度/m	电气性能要求
1	工频干闪电压	0.5	≥170kV
2	持续高湿度下工频泄漏电流（相对湿度90％，温度20℃168h，施加工频电压100kV）	0.5	≤300μA
3	浸水后工频泄漏电流（水电阻率100Ω·m，浸泡15min，抖落表面附着水珠，施加工频电压100kV）	0.5	≤500μA
4	淋雨工频闪络电压（雨量1～1.5mm/min，水电阻率100Ω·m）	0.5	≥60kV
5	50％断裂负荷拉伸后，高湿度下工频泄漏电流（相对湿度90％，温度20℃168h，施加工频电压100kV）	0.5	≤100μA
6	经漂洗后，高湿度下工频泄漏电流（相对湿度90％，温度20℃168h，施加工频电压100kV）	0.5	≤100μA
7	经磨损后，高湿度下工频泄漏电流（相对湿度90％，温度20℃168h，施加工频电压100kV）	0.5	≤100μA

10～220kV 成 品 试 验

| 额定电压/kV | 试验长度/m | 工频耐压试验 | | | | 泄漏电流试验 | | |
| | | 型式试验 | | 预防性试验（出厂试验） | | 型式试验 | | |
		试验电压/kV	耐压时间/min	试验电压/kV	耐压时间/min	试验电压/kV	加压时间/min	泄漏电流/mA
10	0.4	100	1	45	1	8	15	<0.5

参考图片及参数

企业名称	型号规格	材质	性能	直径/mm	型式试验报告
江苏恒安电力工具有限公司	HA-TJS-06	蚕丝	—	6	无
	HA-TJS-08	蚕丝	—	8	无
	HA-TJS-10	蚕丝	—	10	无
	HA-TJS-12	蚕丝	—	12	无
	HA-TJS-14	蚕丝	—	14	无
	HA-TJS-16	蚕丝	—	16	无
	HA-TJS-18	蚕丝	—	18	无
	HA-TJS-20	蚕丝	—	20	无
	HA-TJS-22	蚕丝	—	22	无
	HA-TJS-24	蚕丝	—	24	无
北京中诚立信电力技术有限公司	HD-FCS-10/12/14/16	蚕丝	防潮	10/12/14/16	无
	HD-CS-10/12/14/16	蚕丝	防潮	10/12/14/16	无
天津市华电电力器材股份有限公司	HD-FCS-10	蚕丝	防潮	10	无
	HD-FCS-12	蚕丝	防潮	12	无
	HD-FCS-14	蚕丝	防潮	14	无
	HD-FCS-16	蚕丝	防潮	16	无
	HD-CS-10	蚕丝	防潮	10	无
	HD-CS-12	蚕丝	防潮	12	无
	HD-CS-14	蚕丝	防潮	14	无
	HD-CS-16	蚕丝	防潮	16	无
西安鑫烁电力科技有限公司	XS-C10	蚕丝	防潮	10	无
	XS-C12	蚕丝	防潮	12	无
	XS-C14	蚕丝	防潮	14	无
	XS-C16	蚕丝	防潮	16	无
	XS-C18	蚕丝	防潮	18	无
	XS-J10	锦纶	高强	10	无
	XS-J12	锦纶	高强	12	无
	XS-J14	锦纶	高强	14	无
	XS-J16	锦纶	高强	16	无
	XS-J18	锦纶	高强	18	无

32　绝缘滑轮

适用电压等级　10kV

用途

固定在电杆上，配合绝缘绳使用，地面作业人员用其将工器具及材料传递至电杆上。

执行标准

GB/T 13034　带电作业用绝缘滑车

相关标准技术性能要求

1. 整体技术要求：①零件及组合件按图纸制作合格后才能装配；②装配后滑轮在中轴上应转动灵活，无卡阻和碰擦轮缘现象；③吊钩、吊环在吊梁上应转动灵活；④各开口销不得向外弯，并切除多余部分；⑤侧面螺栓高出螺母部分不大于2mm；⑥侧板开口在90°范围内无卡阻现象。

2. 机械性能：①各种型号的绝缘滑车应分别满足5kN、10kN、15kN、20kN的系列额定负额的要求（此处额定负额指吊钩的承载负荷）；②各种型号的绝缘滑车机械性能指标均应通过2.0倍的额定负荷，持续时间5min的机械拉力试验，试验以无永久变形或裂纹为合格；③各种型号的绝缘滑车的破坏拉力不得小于3.0倍的额定负荷。

3. 电气性能：

10～220kV 成 品 试 验

额定电压 /kV	试验长度 /m	工频耐压试验				泄漏电流试验		
		型式试验		预防性试验（出厂试验）		型式试验		
		试验电压 /kV	耐压时间 /min	试验电压 /kV	耐压时间 /min	试验电压 /kV	加压时间 /min	泄漏电流 /mA
10	0.4	100	1	45	1	8	15	<0.5

参考图片及参数

企业名称	型号规格	载重/kN	开口方式	轮数	型式试验报告
江苏恒安电力工具有限公司	HA－JYHC	0.5～10	开口/闭口	单轮/双轮/三轮	无
北京中诚立信电力技术有限公司	11361	≤4.53	侧开	上2下2	无
	11367	≤4.53	侧开	上3下2	无
	11368	≤4.53	侧开	上3下3	无
西安鑫烁电力科技有限公司	XS－JYHLK2.5	2.5	开口	单轮	无
	XS－JYHLK5	5	开口	单轮	无
	XS－JYHLK10	10	开口	单轮	无
	XS－JYHLB2.5	2.5	闭口	单轮	无
	XS－JYHLB5	5	闭口	单轮	无
	XS－JYHLB10	10	闭口	单轮	无
	XS－JYHLB10－20	10	闭口	双轮	无

33　绝缘引流线

适用电压等级　10kV

用途

用于配电线路带电作业时短接设备。

执行标准

GB/T 18037　带电作业工具基本技术要求与设计导则

DL/T 878　带电作业绝缘工具试验导则

DL/T 976　带电作业工具、装置和设备预防性试验规程

相关标准技术性能要求

1. 绝缘引流线绝缘部分采用橡胶等优质柔性绝缘材料，芯线采用优质软铜线制成，两端设有接续线夹。引流线长度、截面可根据需要定制。

2. 电气性能：绝缘部分交接试验：20kV/3min，额定电流一般不小于300A。

参考图片及参数

企业名称	型号规格	产地	适用电压 /kV	额定电流 /A	引流线 导体截面 /mm²	引流线夹 结构型式	长度 /m	质量 /kg	型式试 验报告
广州同希机电 工程有限公司	6734	美国	15	300	70	金属夹头	3	5.6	无
	6737	美国	15	300	35	金属夹头	3	7.2	无
	6876	美国	25	300	70	金属夹头	3	6.5	无
	6877	美国	25	300	70	金属夹头	3.6	7.3	无
	6878	美国	25	300	70	金属夹头	4.2	8.2	无
北京中诚立信 电力技术有限公司	2270	美国	15	400	70	金属夹头	3	6.8	无
	2265	美国	15	250	35	金属夹头	3	6.1	无
	2266	美国	15	300	70	金属夹头	3	6.8	无
北京正泽商贸 有限公司	2265	美国	15	250	50	金属夹头	3	3	无
	2266	美国	15	300	70	金属夹头	3	4	无
	2267	美国	15	400	120	金属夹头	3	6	无
	21060	美国	25	300	70	金属夹头	3	6	无
	20876	美国	35	300	70	金属夹头	3	8	无
天津市华电电力 器材股份有限公司	HD-2265	美国	15	250	35	金属夹头	3.0	6.1	无
	HD-2266	美国	15	300	70	金属夹头	3.0	6.8	无
西安鑫烁电力 科技有限公司	XS-YLX	中国	15	200～400	50～240	青铜夹头	3～20	2～25	无

34　消弧开关

适用电压等级

10kV

用途

用于带电断、接空载架空线路或电缆线路引线时，对线路电容电流进行灭弧。

执行标准

GB 3804　3.6～40.5kV 高压交流负荷开关

GB/T 11022　高压开关设备和控制设备标准的共用技术要求

GB 13398　带电作业用空心绝缘管、泡沫填充绝缘管和实心绝缘棒

Q/GDW 1811　带电作业用消弧开关技术条件

相关标准技术性能要求

1. 消弧开关由触头、灭弧室、操动机构等部件构成，分为手持式和操作杆式两种。开关分合应采用快速开断式/快速关合式操动机构。操作杆主体应采用满足 GB 13398 要求的绝缘材料制成。

2. 机械性能：

（1）消弧开关应依靠操动机构完成整个操作程序，操动机构装置应确保分、合闸操作的准确性和可靠性。操动机构操作寿命应不小于 1000 次操作循环。

（2）操作杆机械性能：带电作业绝缘工具应按实际使用工况进行机械强度试验。硬质绝缘工具和软质绝缘工具的安全系数均应不小于 2.5。操作杆有效绝缘长度不得低于 0.7m；在型式试验中，静负荷试验应在 2.5 倍额定工作负荷下持续 5min 无变形、无损伤；动负荷试验应在 1.5 倍额定工作负荷下操作 3 次，要求机构动作灵活、无卡阻现象。在预防性试验中，静负荷试验应在 1.2 倍额定工作负荷下持续 1min 无变形、无损伤；动负荷试验应在 1.0 倍额定工作负荷下操作 3 次，要求机构动作灵活、无卡阻现象。

3. 电气性能：

电 气 性 能 要 求

额定电压/kV	10	操作次数/次	≥1000
分断电容电流能力/A	≥5	开关断开时触头之间的耐压值/kV	≥48

参考图片及参数

企业名称	型号规格	产地	额定电压/kV	额定电流/A	结构型式	分断速度/s	质量/kg	型式试验报告
江苏恒安电力工具有限公司	HA – USHA	中国	10	10	绝缘杆式	0.1	3	无
北京中诚立信电力技术有限公司	USBS – 15 系列	美国	15	300	单相透明玻璃壳	1	2.27	无
	USBS – 27 系列	美国	27	300	单相透明玻璃壳	1	3.18	无
	USBS – 46 系列	美国	46	200	单相透明玻璃壳	1	4.54	无
	HD – XH05 – 3F	中国	10	5	绝缘杆式	0.1	2.5	无
天津市华电电力器材股份有限公司	HD – XH05 – 3F	中国	10	5	绝缘杆式	0.1	2.5	无
	HD – XH10 – 3F	中国	10	10	绝缘杆式	0.1	3.0	无
西安鑫烁电力科技有限公司	XS – XHKG1	中国	10	5	绝缘杆式	0.1	2.5	无
	XS – XHKG2	中国	10	10	绝缘杆式	0.1	3	无

35　绝缘斗外工具箱

适用电压等级　　10kV

用途

安装在绝缘斗臂车工作斗沿面，用于放置小件手工工具等。

执行标准

DL/T 878　带电作业用绝缘工具试验导则

DL/T 976　带电作业工具、装置和设备预防性试验规程

相关标准技术性能要求

1. 绝缘斗外工具箱采用优质绝缘材料制作。
2. 电气性能：

电 气 性 能 要 求

额定电压 /kV	试验长度 /m	工频耐压试验				泄漏电流试验		
		型式试验		预防性试验（出厂试验）		型式试验		
		试验电压 /kV	耐压时间 /min	试验电压 /kV	耐压时间 /min	试验电压 /kV	加压时间 /min	泄漏电流 /mA
10	0.4	100	1	45	1	8	15	<0.5

参考图片及参数

企业名称	型号规格	产地	外形尺寸 /(mm×mm×mm)	型式试验报告
江苏恒安电力工具有限公司	HA－DWGJX	中国	500×150×280	无
广州同希机电工程有限公司	05－801	美国	350×170×220	无
	05－803	美国	400×220×300	无
	05－807	美国	350×170×500	无
	05－813	美国	400×220×500	无
北京中诚立信电力技术有限公司	HD－FDGJX	中国	500×150×280	无
北京正泽商贸有限责任公司	05－951	美国	355.6×152.4×190	无
	05－929－1	美国	508×203.2×152.4	
天津市华电电力器材股份有限公司	HD－FDGJX	中国	500×150×280	无
西安鑫烁电力科技有限公司	XS－JYDWX	中国	500×150×280	无

36 柱上快装绝缘工具架

适用电压等级 10kV

用途

用于绝缘杆作业法带电作业时，在杆上临时放置绝缘工具。

执行标准

DL/T 878 带电作业绝缘工具试验导则

DL/T 976 带电作业工具、装置和设备预防性试验规程

相关标准技术性能要求

1. 柱上快装绝缘工具架绝缘部分采用优质绝缘材料制成，设有柱上快装机构，用于将绝缘工具架快装在电杆上，长度可根据悬挂工具种类、数量订制。

2. 机械性能：在型式试验中，静负荷试验应在 2.5 倍额定工作负荷下持续 5min 无变形、无损伤。动负荷试验应在 1.5 倍额定工作负荷下操作 3 次，要求机构动作灵活、无卡阻现象。

3. 电气性能：

电 气 性 能 要 求

额定电压 /kV	试验长度 /m	工频耐压试验				泄漏电流试验		
		型式试验		预防性试验（出厂试验）		型式试验		
		试验电压 /kV	耐压时间 /min	试验电压 /kV	耐压时间 /min	试验电压 /kV	加压时间 /min	泄漏电流 /mA
10	0.4	100	1	45	1	8	15	<0.5

参考图片及参数

企业名称	型号规格	结构型式	安装方式	载重/kg	型式试验报告	备注
江苏恒安电力工具有限公司	HA - GJJ	分体组装式	链条抱箍	125	无	可 360°旋转
北京中诚立信电力技术有限公司	HD - JYGG	分体式	链式抱箍	50	—	—
天津市华电电力器材股份有限公司	HD - JYGG	分体组装式	链式抱箍	50	无	—
西安鑫烁电力科技有限公司	XS - ZSKGJJ1	分体组装式	柱上快装	100	无	—
	XS - ZSKGJJ2	整体式	链式抱箍	125	无	—

金 属 工 具

1 充电式电动切刀

适用电压等级　通用

用途

用于带电作业时切断钢索、导线等。

执行标准

GB 3883.1　手持电动工具的安全　第一部分：一般要求

GB 3883.8　手持电动工具的安全　第二部分：电剪刀和电冲剪的专用要求

相关标准技术性能要求

由电动压切刀本体、工作头、充电器、充电电池、收纳盒等组成，各项技术性能需满足 GB 3883.1 和 GB 3883.8 的规定。

参考图片及参数

企业名称	型号规格	产地	开口/mm	最大切割范围/mm	出力/kN	尺寸/mm	质量/kg	型式试验报告
广州同希机电工程有限公司	K-30A	美国	—	直径 19	77.8	328	5.5	无
	RCE85CCP	美国	—	直径 85	—	360	3	无
	KCV-54	美国	—	直径 54	—	338	3	无
	CKCV-54AC（用以代替停产的 LEC-54AC）	美国	—	直径 54	—	337	2.9	无

续表

企业名称	型号规格	产地	开口/mm	最大切割范围/mm	出力/kN	尺寸/mm	质量/kg	型式试验报告
北京中诚立信电力技术有限公司	HD－REC－50	日本	50	铜铝电缆 50	5.5	105×375×115	2	无
北京正泽商贸有限公司	REC－54	中国（台湾）	54	ACSR 18.6	54	4	—	无
	LEC－S45	中国（台湾）	45	ACSR 45	96	7.1	—	无
天津市华电电力器材股份有限公司	HD－REC－50	日本	50	铜铝电缆 50	5.5	105×375×115	2	无
西安鑫烁电力科技有限公司	XS－DQD－C24	日本	24	钢芯铝绞线 25	8	280×240×75	3.2	无
	XS－DQD－C40	日本	40	钢芯铝绞线 55	6	440×260×78	6	无
	XS－DQD－C85	日本	85	电力电缆 85	5.6	455×320×95	8	无

2　充电式压接钳

适用电压等级　通用

用途

用于带电作业时压接铜、铝端子，设备线夹等。

执行标准

GB 3883.1　手持电动工具的安全　第一部分：一般要求

相关标准技术性能要求

由电动压接钳本体、工作头、充电器、充电电池、收纳盒等组成，各项技术性能需满足 GB 3883.1 的规定。

参考图片及参数

企业名称	型号规格	产地	开口/mm	压接范围/mm²	开口方式	质量/kg	电池电压/V	型式试验报告
广州同希机电工程有限公司	LEC－32	美国	32	10～400	C型	7.0	18	无
	LEC－240T	美国	—	10～240	—	4.9	18	无
北京中诚立信电力技术有限公司	HD－HEC－44	中国	44	16～400 铜端子 16～300 铝端子 35～240 设备线夹	C型	6.3	14.4	无
	HD－HEC－32	中国	32	16～400 铜端子 16～300 铝端子 35～241 设备线夹	C型	6	14.4	无
北京正泽商贸有限公司	LEC－32	中国（台湾）	32	10～400	C型	7	14.4	无
	LEC－44	中国（台湾）	44	10～400	C型	7.8	14.4	无
天津市华电电力器材股份有限公司	HD－HEC－44	中国（台湾）	44	16～400 铜端子 16～300 铝端子 35～240 设备线夹	C型	6.3	14.4	无
	HD－HEC－32	中国（台湾）	32	16～400 铜端子 16～300 铝端子 35～240 设备线夹	C型	6.0	14.4	无
西安鑫烁电力科技有限公司	XS－YJQ－32	日本	32	240 铜端子 185 铝端子	C型	4.4	14.4	无
	XS－YJQ－36	日本	36	400 铜端子 300 铝端子	C型	4.4	14.4	无

3　充电式螺母破碎机

适用电压等级　通用

用途

　　用于带电作业时破碎生锈的螺栓。

执行标准

　　GB 3883.1　手持电动工具的安全　第一部分：一般要求

相关标准技术性能要求

　　由电动破碎机本体、工作头、充电器、充电电池、收纳盒等组成，各项技术性能需满足 GB 3883.1 的规定。

企业名称	型号规格	产地	出力/kN	质量/kg	使用范围	破碎时间/s	一次充电可破碎螺帽数量/个	型式试验报告
广州同希机电工程有限公司	LEC－MM36	中国（台湾）	130	4	M10～M36	10	约100	无
北京中诚立信电力技术有限公司	HD－HEC－MM36	中国	127	6.7	M16～M36	10	约100	无
北京正泽商贸有限公司	LEC－MM36	中国（台湾）	127	6	M10～M24	—	—	无
天津市华电电力器材股份有限公司	HD－HEC－MM36	中国（台湾）	127	6.7	M16～M36	10	约100	无
西安鑫烁电力科技有限公司	XS－NPJ－C	日本	130	4	M19～M36	10	约100	无

4　充电式电动扳手

适用电压等级　　通用

用途

用于带电作业时松紧绝缘子螺母等。

执行标准

GB 3883.1　手持电动工具的安全　第一部分：一般要求

相关标准技术性能要求

由电动扳手、充电器、充电电池、套筒、收纳盒等组成，各项技术性能需满足 GB 3883.1 的规定。

参考图片及参数

企业名称	型号规格	标准螺栓	高抗拉伸螺栓	方形传动螺杆 /mm	回转数 /(r·min⁻¹)	最大转矩 /(N·m)	质量 /kg	电压 /V	型式试验报告
西安鑫烁电力科技有限公司	XS–BS–CD	M8~M14	M6~M12	12.7	0~1800	118	1.8	12	无

5　手动式液压切刀

适用电压等级　　通用

用途

用于带电作业时切断钢芯铝绞线、钢绞线、钢筋等。

执行标准

GB 3883.1　手持电动工具的安全　第一部分：一般要求

相关标准技术性能要求

由液压切刀、配件及收纳盒等组成。

参考图片及参数

企业名称	型号规格	产地	出力/kN	开口/mm	最大切断能力	质量/kg	尺寸/mm	型式试验报告
广州同希机电工程有限公司	HYCP－4413	美国	12.7	44	—	7.6	641	无
	UB－412	美国	11.6	32	—	6.5	612	无
	HYCP－185	美国	5.3	插销式	—	2.1	373	无
	HYCP－240	美国	5.3	插销式	—	2.4	377	无
北京中诚立信电力技术有限公司	HYSC－32	中国	66	24	钢芯铝绞线 24mm 钢绞线 24mm 铝绞线 24mm	2.7	360	无
北京正泽商贸有限公司	HYSC－45	中国（台湾）	96	40	—	6.8	683	无
	TC－085	中国（台湾）	56	85	铜铝 85mm	8.5	667	无
西安鑫烁电力科技有限公司	XS－YYQD－S400	日本	80	40	钢芯铝绞线 630mm²、 钢绞线 14mm、 钢盘 16mm	5.8	575	无
	XS－YYQD－S550	日本	120	55	钢芯铝绞线 1000mm²、 钢绞线 15mm、 钢盘 18mm	10	625	无

6　手动式液压钳

适用电压等级　通用

用途

用于配电线路带电作业时手动压接铜铝接线端子。

执行标准

JB/T 11241　手持式液压钳

相关标准技术性能要求

1. 手动式液压钳由液压钳、配件及收纳盒等组成。

2. 液压钳外表面应光滑平整，无毛刺及加工缺陷，黑色金属表面应进行防锈处理。液压钳经高温 55℃和低温－30℃的耐温性试验、抗振性试验后，动作应正常。液压钳在经过 1.3 倍额定工作压力的耐压试验后，不应有泄漏和机械损坏现象。液压钳的活动刀片外侧接近手柄的部位应有安全防护装置，确保在正常使用中不会造成夹手之类的伤害。

企业名称	型号规格	压接范围/mm²	出力/kN	开口范围/mm	压接范围/mm²	质量/kg	可选模具/mm²	型式试验报告
北京中诚立信电力技术有限公司	HYCP‑4413	—	12.7	44	16～400	8.4	16～400	无
北京正泽商贸有限公司	UB412	10～400	125	32	10～400	6.5	10～400	无
	HYCP4413	10～400	125	44	10～400	7.6	10～400	无
西安鑫烁电力科技有限公司	XS‑YYQ‑C44	—	12.7	44	16～400	8.4	16～400	无
	XS‑YYQ‑C38	—	12	38	16～500	7.8	16～500	无
	XS‑YYQ‑C32	—	11.4	32	16～400	—	16～400	无

7　卡线器

适用电压等级

通用

用途

用于配电线路带电作业时调整弧垂、收紧导线。

执行标准

GB/T 12167　带电作业用铝合金紧线卡线器

Q/GDW 1799.2　国家电网公司电力安全工作规程线路部分

相关标准技术性能要求

1. 卡线器采用高强度铝合金材料锻制而成。

2. 在额定负荷下与所夹持的铝线应不产生相对滑移，不允许夹伤铝线表面。卡线器主要零件应表面光滑，无尖边毛刺、缺口裂纹等缺陷，所有零件表面均应进行防腐蚀处理。各部件连接应紧密可靠，开合夹口方便灵活，整体性好。

参考图片及参数

企业名称	型号规格	使用范围 /mm	安全负荷 /t	质量 /kg	型式试验报告
江苏恒安电力工具有限公司	HA-KXQ	外径5～35	2	1.8～3.7	无
广州同希机电工程有限公司	S-2000CL	外径5～16	2	1.4	无
	S-3000CL	外径8～22	3	3	无
	XS-KXQ-1T	外径4～20（16～95mm²）	1	1.1	无
	XS-KXQ-2T	外径5～16	2	1.4	无
西安鑫烁电力科技有限公司	XS-KXQ-3T	外径8～22	3	3	无
	XS-KX-Q4T	外径13～28	4	5	无
	XS-KXQ-6T	外径13～28	6	5.2	无

8 斗臂车用液压压接钳

适用电压等级　通用

用途

用于绝缘手套作业法带电作业时带电压接端子或液压线夹。

执行标准

GB/T 9465　高空作业车

JB/T 8457　冷挤压压接钳的一般要求和试验方法

相关标准技术性能要求

1. 液压压接钳各部分应无有害的损伤、裂缝、锈斑及其他缺陷；应装有更换简单、连接可靠的液压软管连接接头；液压压接钳应操作简单、更换压接模具容易、可靠；应有压力限制机构。

2. 液压压接钳应连接斗臂车液压系统使用。

参考图片及参数

企业名称	型号规格	行程/mm	出力/kN	质量/kg	型式试验报告
北京中诚立信电力技术有限公司	UB-412HE	—	127	5	无
北京正泽商贸有限公司	HYCP-4413HE	44	125	5.1	无
西安鑫烁电力科技有限公司	XS-YJQ-DY	30	110	8.1	无

9 斗臂车用液压增压器

适用电压等级 通用

用途

用于绝缘斗臂车将车载中压液压系统压力转换为高压，使用高压压接钳完成压接操作。

执行标准

HB 931 液压增压器

相关标准技术性能要求

将斗臂车输出的中压系统液压压力转换成高压。

参考图片及参数

企业名称	型号规格	低压侧参数	高压侧参数	快速前向流量/(L·min⁻¹)	质量/kg	尺寸/(mm×mm×mm)	型式试验报告
北京中诚立信电力技术有限公司	REL-1-I-SA	输出油量：5L/min 操作压力：1400~2000psi	输出油量：0.49L/min 操作压力：1400~2000psi	15.2~26.6	4.42	1333×108×114.3	无
北京正泽商贸有限公司	REL-10-I-SA	操作压力：1400psi	操作压力：2000psi	0.49~5	4.5	133×107×114	无
西安鑫烁电力科技有限公司	XS-YZQ-DY	输出油量：5L/min 操作压力：1400~2000psi	输出油量：0.49L/min 操作压力：1400~2000psi	15.2~26.6	4.42	1333×108×114.3	无

10　支杆固定器

适用电压等级　　通用

用途

用于绝缘杆作业法带电作业时在电杆上固定支撑杆。

执行标准

DL/T 877　带电作业用工具、装置和设备使用的一般要求

相关标准技术性能要求

支杆固定器采用优质金属材料浇铸而成，具备柱上快装功能。

企业名称	型号规格	材质	型式试验报告
北京中诚立信电力技术有限公司	HD – DAZ – ZGQ	航空铝	无
天津市华电电力器材股份有限公司	HD – DAZ – ZGQ	航空铝	无
西安鑫烁电力科技有限公司	XS – ZGQ	不锈钢	无

11 拉杆固定器

适用电压等级　通用

用途

用于绝缘杆作业法带电作业时在电杆上固定拉杆。

执行标准

DL/T 877　带电作业用工具、装置和设备使用的一般要求

相关标准技术性能要求

拉杆固定器采用优质金属材料浇铸而成,具备柱上快装功能。

参考图片及参数

企业名称	型号规格	材质	型式试验报告
北京中诚立信电力技术有限公司	HD – DAZ – ZGQ	航空铝	无
天津市华电电力器材股份有限公司	HD – DAZ – ZGQ	航空铝	无
西安鑫烁电力科技有限公司	XS – LGQ	铸铁	无

12 支杆提升器

适用电压等级 通用

用途

用于绝缘杆作业法带电作业时在电杆上固定并提升支撑杆。

执行标准

DL/T 877 带电作业用工具、装置和设备使用的一般要求

相关标准技术性能要求

支杆提升器采用优质金属材料浇铸而成，具备柱上快装功能。

参考图片及参数

企业名称	型号规格	材质	型式试验报告
北京中诚立信电力技术有限公司	HD – DAZ – TSQ	航空铝	无
天津市华电电力器材股份有限公司	HD – DAZ – TSQ	航空铝	无
西安鑫烁电力科技有限公司	XS – ZTQ	铸铁	无

13 导线棘轮切刀

适用电压等级 通用

用途

用于带电作业时切断线路导线。

执行标准

DL/T 877　带电作业用工具、装置和设备使用的一般要求

相关标准技术性能要求

棘轮切刀带有棘轮省力机构，刀头可更换，可单手操作。

参考图片及参数

企业名称	型号规格	最大切割范围 /mm²	质量 /kg	切刀整体长度 /mm	型式试验报告
广州同希机电工程有限公司	RCC325	325 铜铝电缆	0.65	250	无
	REC50	50 铜铝电缆	2.5	500	无
	RCE85CCP	85 铜铝电缆	4	500	无
	REC－54AC	54 铜铝电缆	4	540	无
	LEC－54AC	54 铜铝电缆	3.6	540	无
北京中诚立信电力技术有限公司	HD－RC1000A	500 钢芯铝绞线	1.18	495.3	一
北京正泽商贸有限公司	RCC－325	铜铝 325	0.8	280	无
	RCC－500	铜铝 500	0.85	285	无
天津市华电电力器材股份有限公司	HD－RC1000A	500 钢芯铝绞线	1.18	495.3	无
	HD－RC750H	280 钢芯铝绞线，380 铜铝电缆	1.18	457.2	无
	HD－RCC500	500 铜铝电缆	1.67	700	无
	HD－RCC325	325 铜铝电缆	0.65	250	无
西安鑫烁电力科技有限公司	XS－DJD－500	500 铜铝电缆	1.67	700	无
	XS－DJD－325	325 铜铝电缆	0.65	250	无

14 绝缘线剥皮器

适用电压等级　通用

用途

用于绝缘手套作业法带电作业时剥除绝缘导线绝缘外皮。

执行标准

GB/T 18269　交流 1kV、直流 1.5kV 及以下电压等级带电作业用绝缘手工工具

DL/T 877　带电作业用工具、装置和设备使用的一般要求

Q/GDW 1799.2　国家电网公司电力安全工作规程线路部分

相关标准技术性能要求

绝缘导线剥皮器由剥皮器本体、可更换刀具的支架及收纳盒等组成，具有足够的机械强度，体积小，重量轻，便于携带和使用，操作简便。

参考图片及参数

企业名称	型号规格	适用绝缘导线外径 /mm	适用剥皮厚度 /mm	质量 /kg	型式试 验报告
江苏恒安电力工具有限公司	NP - 400	10～32	1.5～3	1.5	无
北京中诚立信电力技术有限公司	NP - 400	10～32	1.5～3	1.5	无
天津市华电电力器材 股份有限公司	HD - BPQ - S	70～240	1.5～4.4	0.5	无
西安鑫烁电力科技有限公司	XS - BPQ	70～240	1.5～4.4	0.5	无

15 导线绝缘护管导引器

适用电压等级　10kV

用途

用于绝缘杆作业法带电装拆导线绝缘护管。

执行标准

DL/T 877　带电作业用工具、装置和设备使用的一般要求

Q/GDW 1799.2　国家电网公司电力安全工作规程线路部分

相关标准技术性能要求

1. 导引器本体采用优质绝缘材料制作，设有与绝缘杆连接的快装接口，便于采用绝缘杆作业法安装。

2. 适用导线：导线截面 $70\sim240\mathrm{mm}^2$。

参考图片及参数

企业名称	型号规格	材质	适用绝缘导线截面 /mm²	安装方式	型式试验报告
北京中诚立信电力技术有限公司	HD－DAZ－YHG	环氧树脂	70～240	绝缘杆法	无
天津市华电电力器材股份有限公司	HD－DAZ－YHG	环氧树脂	70～240	绝缘杆法	无
西安鑫烁电力科技有限公司	XS－JHDQ－DX	环氧树脂	70～240	绝缘杆法	无

16　棘轮套筒扳手

适用电压等级　通用

用途

用于绝缘手套作业法带电松、紧螺栓。

GB/T 18269　交流 1kV、直流 1.5kV 及以下电压等级带电作业用绝缘手工工具

DL/T 877　带电作业用工具、装置和设备使用的一般要求

Q/GDW 1799.2　国家电网公司电力安全工作规程　线路部分

相关标准技术性能要求

　　棘轮套筒扳手设有棘轮机构和双向棘轮锁扣，可设置正、反向，通过往复摆动，手动松紧螺母，套筒部分具备多种口径，以适应不同大小的螺栓。操作方便快捷，省力省时。

参考图片及参数

企业名称	型号规格	适用范围	长度/mm	质量/kg	耐受电压/kV	型式试验报告
北京中诚立信电力技术有限公司	HD–BY–3	M17/19/22/24 螺帽	270	0.9	20	无
天津市华电电力器材股份有限公司	HD–BY–3	M17/19/22/24 螺帽	270	0.9	20	无
西安鑫烁电力科技有限公司	XS–JTB	M17/19/22/24 螺帽	250	0.65	20	无

五

防 护 工 具

适用电压等级 10kV

用途

用于 10kV 架空线路带电作业人员头部的绝缘和防冲击防护。

执行标准

GB 2811　安全帽

DL/T 976　带电作业工具、装置和设备预防性试验规程

相关标准技术性能要求

绝缘安全帽具有较轻的质量、较好的抗机械冲击特性、较强的电气性能（20kV/3min），并有阻燃特性。采用高强度塑料或玻璃钢等绝缘材料制作。绝缘安全帽内外表面均应完好无损，无划痕、裂缝和孔洞。尺寸应符合相关标准要求。

电气性能：

电 气 性 能 要 求

名称	电气性能级别	额定工作电压/kV	试验时间/min	试验电压/kV
绝缘安全帽	—	10	1	20

注：工频耐压试验过程中应无击穿、无闪络、无明显发热。

参考图片及参数

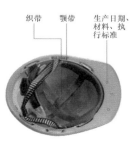

织带　　颚带　　生产日期、
材料、执行标准

企业名称	型号规格	产地	电气性能级别	最大适用电压/kV	试验电压/[kV·(3min)⁻¹]	颜色	型式试验报告
双安科技（天津）有限公司	—	中国	2级	17.5	20	橙	有
保定阳光电力设备有限公司	—	中国	10kV	15	15	红、蓝、黄	有
西安鑫烁电力科技有限公司	XS－AQM－V	中国	2级(10kV)	10	20	蓝、白、黄、红	有
	XS－AQM－I	中国	2级(10kV)	10	20	蓝、白、黄、红	有
	XS－AQM－U	中国	2级(10kV)	10	20	蓝、白、黄、红	有
	XS－AQM－HY	美国	2级(10kV)	17	20	蓝、白、黄、红	无
	XS－AQM－MSA	美国	2级(10kV)	17	20	蓝、白、黄、红	无
	XS－AQM－YS	日本	2级(10kV)	17	20	蓝、白、黄、红	无
天津双安劳保橡胶有限公司	60－JY	中国	2级(20kV)	10	20	黄、橙、蓝、红	无
广州同希机电工程有限公司	YS125－02－01	日本	2级(10kV)	20	20	黄	无
	YS125－03－01	日本	2级(10kV)	20	20	黄	无
北京中诚立信电力技术有限公司	A29R	日本	2级	20	20	黄/红	无
	YS125－02－01	日本	2级	20	20	黄	无
	YS125－02－02	日本	2级	20	20	白	无
	YS125－03－01	日本	2级	20	20	黄	无
	YS125－03－01	日本	2级	20	20	白	无
天津市华电电力器材股份有限公司	HD－JYAQM	美国	2级(10kV)	17	20	黄/红	无
圣耀（集团）有限公司	YS125－03－01	日本	2级	17	20	黄	无
咸亨国际科技股份有限公司	590－2	日本	10kV	17	20	黄	无

2　护目镜

适用电压等级　通用

用途

用于配电线路带电断接引作业时的眼部防护。

执行标准

GB 14866　个人用眼护具技术要求

GB/T 3609.1　职业眼面部防护　焊接防护　第 1 部分：焊接防护具

相关标准技术性能要求

1. 采用优质透明材料制成。
2. 屈光度偏差：$^{+0.05}_{-0.07}$D。

参考图片及参数

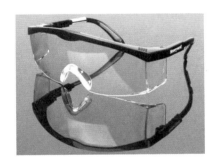

企业名称	型号规格	产地	镜片颜色	屈光度偏差	视野范围	其他特点	型式试验报告
广州同希机电工程有限公司	117AF	中国	白色	—	全视野	防雾，防刮伤	无
北京中诚立信电力技术有限公司	HD－HMJ	美国	自选	$^{\pm0.05}_{-0.07}$D	全视野	防紫外线，防刮伤	无
天津市华电电力器材股份有限公司	HD－HMJ	美国	自选	—	全视野	防紫外线，防刮伤	无
西安鑫烁电力科技有限公司	XS－HMJ	美国	自选	$^{\pm0.05}_{-0.07}$D	全视野	防紫外线，防刮伤，防雾	无

续表

企业名称	型号规格	产地	镜片颜色	屈光度偏差	视野范围	其他特点	型式试验报告
上海诚格安全防护用品有限公司	CG5118001	马来西亚	透明	+0.00 +0.00 D	前方	镜片：透明 1 级光学透光率，防冲击耐刮擦，防 99% UV 紫外线，防雾，符合欧盟 CE 最新标准； 设计：经典访客款，通用脸型，舒适纯新材料软硅胶鼻垫，镜腿可调节	CE 认证
	CG5118100	马来西亚	透明	+0.00 +0.00 D	前方	镜片：透明 1 级光学透光率，防冲击耐刮擦，防 99% UV 紫外线，防雾，符合欧盟 CE 最新标准； 设计：贴服通用脸型，眼睑吸汗棉设计，防止汗液雨水流入眼内造成不适危险，并拆下镜腿配上专属设计头带（需另配）	CE 认证
	CG5118002	马来西亚	透明	+0.00 +0.00 D	前方	镜片：透明 1 级光学透光率，防冲击耐刮擦，防 99% UV 紫外线，防雾，符合欧盟 CE 最新标准； 设计：经典流线款，通用脸型，舒适纯新材料软硅胶鼻垫，镜腿可调节	CE 认证

3　绝缘服（上衣）

适用电压等级　　10kV/35kV

用途

适用于配电线路带电作业躯体防护，保护带电作业人员接触带电导体和电气设备免遭电击。

执行标准

DL/T 803　带电作业用绝缘毯

DL/T 1125　10kV 带电作业用绝缘服装

相关标准技术性能要求

1. 采用 EVA 树脂材料、真空多层压制，接缝部位采用无缝制作方式制成。
2. 机械性能：表层抗拉伸不大于 9MPa、抗刺穿不大于 15N、抗撕裂不大于 150N。

3. 绝缘性能：整衣层向耐受电压不小于 30kV、沿面工频耐受电压不小于 100kV。最大使用电压：交流 10kV/35kV。

4. 电气性能：

电 气 性 能 要 求

名　　称	电气性能级别	额定工作电压/kV	出厂试验		预防性试验	
			试验时间/min	试验电压/kV	试验时间/min	试验电压/kV
绝缘服（绝缘衣、裤/绝缘披肩）	0 级	0.4		—		5
	1 级	3		—		10
	2 级	10	3	20	1	20
	3 级	20		30		30
	4 级	35		40		40

注：工频耐压试验过程中应无击穿、无闪络、无明显发热。

参考图片及参数

企业名称	型号规格	尺码	产地	电气性能级别	最大使用电压/kV	试验电压/[kV·(3min)⁻¹]	颜色
双安科技（天津）有限公司	—	2XL/4XL	中国	2/3 级	10	20	黄
天津双安劳保橡胶有限公司	JYDD2SJ	L/M/XL/XXL	中国	2 级（20kV）	10	20	黄
	JYDD4SJ	L/M/XL/XXL	中国	4 级（40kV）	35	40	红
广州同希机电工程有限公司	YS124-06-02	S	日本	20kV	17	20	黄
	YS124-06-03	M	日本	20kV	17	20	黄
	YS124-06-04	L	日本	20kV	17	20	黄

企业名称	型号规格	尺码	产地	电气性能级别	最大使用电压/kV	试验电压/[kV·(3min)⁻¹]	颜色
北京中诚立信电力技术有限公司	YS124-06-	M/L/XL	日本	—	20	—	黄
	YS127-01-	M/L/XL	日本	—	20	—	黄
	YS124-07-	M/L/XL	日本	—	30	—	黄
	YS128-01-	M/L/XL	日本	—	30	—	黄
天津市华电电力器材股份有限公司	HD-DAZ-JYY	L/XL/XXL	日本	2级(10kV)	20.0	20	黄
西安鑫烁电力科技有限公司	XS-JYF（YS）	M/L	日本	2级(10kV)	17	20	黄
	XS-JYF（YS）	M/L	日本	3级(20kV)	26.5	30	黄
圣耀（集团）有限公司	YS124-06-04	L	日本	2级(20kV)	17	20	黄
咸亨国际科技股份有限公司	YS124-06-03	M	日本	2级(20kV)	17	20	黄
	YS124-06-02	S	日本	2级(20kV)	17	20	黄
	YS124-07-04	L	日本	3级(30kV)	26.5	30	黄
	YS124-07-03	M	日本	3级(30kV)	26.5	30	黄
	YS124-07-02	S	日本	3级(30kV)	26.5	30	黄
	572-2	L/LL/XL/XXL	日本	10kV	17	20	黄

4　绝缘裤

适用电压等级　10kV/35kV

用途

　　用于配电线路带电作业躯体防护，保护带电作业人员接触带电导体和电气设备免遭电击。

执行标准

　　DL/T 803　带电作业用绝缘毯

　　DL/T 1125　10kV带电作业用绝缘服装

相关标准技术性能要求

　　1. 采用EVA树脂材料、真空多层压制，接缝部位采用无缝制作方式制成。

　　2. 机械性能：表层抗拉伸不大于9MPa、抗刺穿不大于15N、抗撕裂不大于150N。

　　3. 绝缘性能：整衣层向耐受电压不小于30kV、沿面工频耐受电压不小于100kV。

4. 最大使用电压：交流 10kV/35kV。

5. 电气性能：

电 气 性 能 要 求

名　称	电气性能级别	额定工作电压/kV	出厂试验		预防性试验	
			试验时间/min	试验电压/kV	试验时间/min	试验电压/kV
绝缘裤	0级	0.4	3	—	1	5
	1级	3		—		10
	2级	10		20		20
	3级	20		30		30
	4级	35		40		40

注： 工频耐压试验过程中应无击穿、无闪络、无明显发热。

参考图片及参数

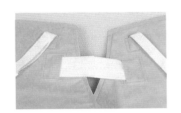

企业名称	型号规格	尺码	产地	电气性能级别	最大使用电压/kV	试验电压/[kV·(3min)⁻¹]	颜色	型式试验报告
天津双安劳保橡胶有限公司	JKDD2SJ	L、M、XL、XXL	中国	2级(20kV)	10	20	黄	无
	JKDD4SJ	L、M、XL、XXL	中国	4级(40kV)	35	40	红	无
双安科技（天津）有限公司	—	2XL、4XL	中国	20kV	10	20kV	黄	无
广州同希机电工程有限公司	YS127－01－03	S	日本	20kV	17	20kV/3min	黄	无
	YS127－01－04	M	日本	20kV	17	20kV/3min	黄	无
	YS128－01－06	L	日本	20kV	17	20kV/3min	黄	无
北京中诚立信电力技术有限公司	HD－JYK	L/XL/XXL	日本	—	17	20	黄	无
天津市华电电力器材股份有限公司	HD－JYK	L、XL、XXL	日本	2级(10kV)	17	20	黄	无
西安鑫烁电力科技有限公司	XS－JYK－YS	S/L/XL/XXL	日本	2级(10kV)	17	20	黄	无
	XS－JYK－YS	S/L/XL/XXL	日本	3级(20kV)	26.5	30	黄	无

续表

企业名称	型号规格	尺码	产地	电气性能级别	最大使用电压/kV	试验电压/[kV·(3min)⁻¹]	颜色	型式试验报告
圣耀（集团）有限公司	YS127－01－06	L	日本	2级（20kV）	17	20	黄	无
	YS127－01－04	M	日本	2级（20kV）	17	20	黄	无
	YS127－01－03	S	日本	2级（20kV）	17	20	黄	无
	YS128－01－07	L	日本	3级（30kV）	26.5	30	黄	无
	YS128－01－04	M	日本	3级（30kV）	26.5	30	黄	无
	YS128－01－03	S	日本	3级（30kV）	26.5	30	黄	无
咸亨国际科技股份有限公司	574－2	M/L/LL	日本	10kV	17	20	黄	无

5　绝缘披肩

适用电压等级　10kV

用途

用于配电线路带电作业躯体防护，保护带电作业人员接触带电导体和电气设备免遭电击。

执行标准

DL/T 1125　10kV 带电作业用绝缘服装

相关标准技术性能要求

1. 采用 EVA 树脂材料、真空多层压制，接缝部位采用无缝制作方式制成。
2. 机械性能：表层抗拉伸不大于 9MPa、抗刺穿不大于 15N、抗撕裂不大于 150N。
3. 绝缘性能：整衣层向耐受电压不小于 30kV、沿面工频耐受电压不小于 100kV。
4. 最大使用电压：交流 10kV/35kV。
5. 电气性能：

电气性能要求

名称	电气性能级别	额定工作电压/kV	出厂试验		预防性试验	
			试验时间/min	试验电压/kV	试验时间/min	试验电压/kV
绝缘披肩	0级	0.4	3	—	1	5
	1级	3		—		10
	2级	10		20		20
	3级	20		30		30
	4级	35		40		40

注：工频耐压试验过程中应无击穿、无闪络、无明显发热。

参考图片及参数 ·

企业名称	型号规格	尺码	产地	电气性能级别	最大使用电压/kV	试验电压/[kV·(3min)⁻¹]	颜色	型式试验报告
双安科技（天津）有限公司	—	2XL/4XL	中国	20kV	10	20	黄	无
广州同希机电工程有限公司	YS126－01－03	S	日本	20kV	17	20	黄	无
	YS126－01－04	M	日本	20kV	17	20	黄	无
	YS126－01－05	L	日本	20kV	17	20	黄	无
北京中诚立信电力技术有限公司	HD－DAZ－JYPJ	L/M/S	日本	2级	17	20	黄	无
西安鑫烁电力科技有限公司	XS－JYPJ－YS	S/M/L	日本	2级(10kV)	17	20	黄	无
天津市华电电力器材股份有限公司	HD－DAZ－JYPJ	L/M/S	日本	2级(10kV)	17	20	黄	无
上海诚格安全防护用品有限公司	CGNVX－SLV－0	0级(均码)	—	1级	1	5	橘红	欧标
	CGNVX－SLV－2	2级(均码)	—	17kV	17	20	橘红	欧标
圣耀（集团）有限公司	YS126－01－05	L	日本	2级(20kV)	17	20	黄	无
	YS126－01－04	M	日本	2级(20kV)	17	20	黄	无
	YS126－01－03	S	日本	2级(20kV)	17	20	黄	无
咸亨国际科技股份有限公司	570－2	L/LL/XL/XXL	日本	10kV	17	20	黄	无

6 绝缘袖套

适用电压等级 10kV

用途

用于 10kV 配电线路带电作业手臂部位防护，保护带电作业人员接触带电导体和电气设备免遭电击。

执行标准

DL/T 778 带电作业用绝缘袖套

相关标准技术性能要求

1. 采用橡胶或其他绝缘材料制成，按外形分为直筒式和曲肘式两种。

2. 机械性能：最低抗拉强度应不低于平均强度的 90％，平均拉断伸长率应不小于 600％，刺穿强度应不小于 18N/mm，拉伸永久变形不应超过 15％；具有良好的耐低温性能和阻燃性能。

3. 电气性能：

电 气 性 能 要 求

名　　称	电气性能级别	额定工作电压/kV	出厂试验		预防性试验	
			试验时间/min	试验电压/kV	试验时间/min	试验电压/kV
绝缘袖套	0 级	0.4	3	5	1	10
	1 级	3		10		—
	2 级	10（6）		20		30
	3 级	20		30		40
	4 级	35		40		60

注：工频耐压试验过程中应无击穿、无闪络、无明显发热。

参考图片及参数

企业名称	型号规格	尺码	产地	最大使用电压 /kV	试验电压 /[kV·(3min)$^{-1}$]	颜色	型式试验报告
北京正泽商贸有限公司	D2RB-EC	常规码	美国	17	20	黑	有
	D2RYB-EC	常规码	美国	17	20	黄黑	有
	D2RRB-EC	常规码	美国	17	20	红黑	有
	2RB	常规码	美国	17	20	黑	有
	D3RYB-EC	常规码	美国	26.5	30	黄黑	有
	D4RB-EC	常规码	美国	35	40	黑	有
双安科技（天津）有限公司	—	均码	中国	10	20	黄	无
天津双安劳保橡胶有限公司	XTDD2XJ	直筒式	中国	10	20	黑/橙	无
	XTDD3XJ	直筒式	中国	20	30	黑/橙	无
	XTDD4XJ	直筒式	中国	35	40	黑/橙	无
北京中诚立信电力技术有限公司	HD-DAZ-JYXT	8#、9#、10#/直筒式	美国	20	20	黑	无
天津市华电电力器材股份有限公司	HD-DAZ-JYXT	8#、9#、10#/直筒式	美国	20	20	黑	无
西安鑫烁电力科技有限公司	XS-JYXT	直筒式	美国	17	20	内红外黑	无
咸亨国际科技股份有限公司	D2RB-EC	均码	美国	17	20	黑	无

7　绝缘手套

适用电压等级　10kV/35kV

用途

用于配电线路带电作业手部防护。

执行标准

GB/T 17622　带电作业用绝缘手套

相关标准技术性能要求

1. 绝缘手套采用橡胶或其他绝缘材料制成，按其使用方法分为常规型绝缘手套和复合型绝缘手套。常规型绝缘手套自身不具备机械保护性能，一般要配合机械防护手套（如皮质手套等）。

2. 机械性能：平均拉伸强度应不低于16MPa、平均扯断伸长率应不低于600%、拉伸永久变形不应超过 15％，还应具有防机械刺穿性能，平均抗机械刺穿强度应不小于 18N/mm，且具有良好的耐老化、耐低温和阻燃性能。

3. 电气性能：

电 气 性 能 要 求

名　　称	电气性能级别	额定工作电压/kV	出厂试验		预防性试验	
			试验时间/min	试验电压/kV	试验时间/min	试验电压/kV
绝缘手套	0 级	0.4		10		10
	1 级	3		20		20
	2 级	10（6）	3	30	1	30
	3 级	20		40		40
	4 级	35		50		60

注：工频耐压试验过程中应无击穿、无闪络、无明显发热。

参考图片及参数

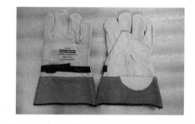  

企业名称	型号规格	尺码	产地	电气性能级别电压/kV	最大使用电压/kV	试验电压/[kV·(3min)⁻¹]	颜色	型式试验报告
保定阳光电力设备有限公司	—	410～413	中国	12kV	12	22	红	有
北京正泽商贸有限公司	E0011R	8～12	美国	17kV	17	20	红	有
	E011R	8～12	美国	17kV	17	20	红	有
	E118B	8～12	美国	17kV	17	20	黑	有
	E214RB	8～12	美国	17kV	17	20	红黑	有
	E216RB	8～12	美国	17kV	17	20	红黑	有
	E214BCRB	8～12	美国	17kV	17	20	红黑	有
	E316YB	8～12	美国	26.5kV	26.5	30	黄黑	有
	E318B	8～12	美国	26.5kV	26.5	30	黑	有
	E418RB	8～12	美国	35kV	35	40	红黑	有

企业名称	型号规格	尺码	产地	电气性能级别	最大使用电压/kV	试验电压/[kV·(3min)⁻¹]	颜色	型式试验报告
天津双安劳保橡胶有限公司	STDD00RJ	8～10	中国	00级（2.5kV）	0.5	2.5	红/黑	无
	STDD0RJ	8～10	中国	0级（5kV）	1	5	红/黑	有
	STDD1RJ	8～10	中国	1级（10kV）	7.5	10	外红里黑/外黑里红/	有
	STDD2RJ	8～10	中国	2级（20kV）	17	20	外红里黑/外黑里红/黄/橙	有
	STDD3RJ	8～10	中国	3级（30kV）	26.5	30	外红里黑/外黑里红/黄/橙	有
	STDD4RJ	8～10	中国	4级（40kV）	36	40	外红里黑/外黑里红/黄/橙	有
双安科技（天津）有限公司	—	（410±10）mm	中国	0级	0.38	5	米黄	
	—	（360±10）mm	中国	1级	3	10	橙、白	有
	—	（410±10）mm	中国		8	12	红	有
	—	（360±10）mm	中国	2级	10	20	橙	无
	—	（410±10）mm	中国		21.75	25	橙	无
	—	（410±10）mm	中国	3级	20	30	橙	无
	—	（410±10）mm	中国		30	35	橙	无
	—	（410±10）mm	中国	4级	35	40	橙	无
广州同希机电工程有限公司	YS101-90-02	M（380mm）	日本	2级	17	20	棕	无
	YS101-90-03	L（380mm）	日本	2级	17	20	棕	无
	YS101-90-04	LL（380mm）	日本	2级	17	20	棕	无
	YS101-31-02	M（460mm）	日本	2级	17	20	棕	无
	YS101-31-03	L（460mm）	日本	2级	17	20	棕	无
	YS101-31-04	LL（460mm）	日本	2级	17	20	棕	无
	YS101-32-02	M（460mm）	日本	3级	26.5	30	棕	无
	YS101-32-03	L（460mm）	日本	3级	26.5	30	棕	无
	YS101-32-04	LL（460mm）	日本	3级	26.5	30	棕	无
北京中诚立信电力技术有限公司	E0011R/B	279.4mm	美国	—			红/黑	无
	E0014R/B	355.6mm	美国	—			红/黑	无
	E011R/B	279.4mm	美国	—			红/黑	无

企业名称	型号规格	尺码	产地	电气性能级别	最大使用电压/kV	试验电压/[kV·(3min)$^{-1}$]	颜色	型式试验报告
天津市华电电力器材股份有限公司	HD-DAZ-JYST	S/M/L	美国	2级（10kV）	17	20	黑	无
西安鑫烁电力科技有限公司	XS-JYST（2）	S/M/L	中国	2级（10kV）	10	20	黄、橙	无
	XS-JYST（4）	S/M/L	中国	4级（35kV）	35	40	黄、橙	无
	XS-JYST-YS-2	S/M/L	日本	2级（10kV）	17	20	黄色	无
	XS-JYST-YS-3	S/M/L	日本	3级（20kV）	26.5	30	棕色	无
	XS-JYST-YS-4	S/M/L	日本	4级（35kV）	35	40	红色	无
上海诚格安全防护用品有限公司	CGNVX-S00-280	8～11	马来西亚	00级	0.5	2.5	橘红	有（欧标、美标、国标）
	CGNVX-S0-280	8～11	马来西亚	0级	1	5	橘红	有（欧标、美标、国标）
	CGNVX-S1-360	8～11	马来西亚	1级	7.5	10	橘红	有（欧标、美标、国标）
	CGNVX-S2-360	8～11	马来西亚	2级	17	25	橘红	有（欧标、美标、国标）
	CGNVX-S3-410	9～11	马来西亚	3级	26.5	30	橘红	有（欧标、美标、国标）
	CGNVX-S4-410	9～11	马来西亚	4级	36	40	橘红	有（欧标、美标、国标）
圣耀（集团）有限公司	YS101-32-04	LL	日本	3级（30kV）	26.5	30	橘红	无
	YS101-32-03	L	日本	3级（30kV）	26.5	30	橘红	无
	YS101-32-02	M	日本	3级（30kV）	26.5	30	橘红	无
	YS101-31-04	LL	日本	2级（20kV）	17	20	橘红	无
	YS101-31-03	L	日本	2级（20kV）	17	20	橘红	无
	YS101-31-02	M	日本	2级（20kV）	17	20	橘红	无
咸亨国际科技股份有限公司	550-2	S/M/L	日本	10kV	17	20	红棕	无
	E214RB	8～10	美国	10kV	17	20	黑	无

8　防护手套

适用电压等级　通用

用途

用于配电线路带电作业时对绝缘手套的机械防护。

执行标准

GB/T 12624　手部防护通用技术条件及测试方法
AQ 6103　　　焊工防护手套

相关标准技术性能要求

1. 采用优质皮革加工制作而成。
2. 保护绝缘手套免遭磨损、钩划。
3. 具有良好的抗机械刺穿性能。

参考图片及参数

企业名称	型号规格	尺码	产地	长度/mm	主要特点	型式试验报告
广州同希机电工程有限公司	YS103－12－02	均码	日本	260	羊皮，柔软，灵活，耐磨	无
北京中诚立信电力技术有限公司	ILPG3S	9～10	中国	305	—	无
	PSCGLP10GN9	S～L	美国	254	山羊皮、柔软灵活耐磨	无
北京正泽商贸有限公司	ILPG10A	9～10	中国	—	羊皮	无
	ILPG3S	9～10	中国	—	羊皮	无
	ILPG5S	9～10	中国	—	羊皮	无
	ILP3S	9～10	中国	—	牛皮	无

续表

企业名称	型号规格	尺码	产地	长度/mm	主要特点	型式试验报告
北京正泽商贸有限公司	ILP5S	9～10	中国	—	牛皮材质，绝缘效果好	无
天津市华电电力器材股份有限公司	HD－DAZ－FHST	均码	中国	260	—	无
西安鑫烁电力科技有限公司	XS－FHST－YS	均码	日本	250	—	无
上海诚格安全防护用品有限公司	Live－GL10	均码	中国	254	外用羊皮保护手套	EN388 检测报告
	Live－GL11.5	均码	中国	293	外用羊皮保护手套	EN388 检测报告
	Live－GL12.5	均码	中国	318	外用羊皮保护手套	EN388 检测报告
圣耀（集团）有限公司	ILP3S	M	美国	305	穿戴舒适	无
	ILP5S	L	美国	356	穿戴舒适	无
	LPG3S	M	美国	305	穿戴舒适	无
	LPG5S	L	美国	356	穿戴舒适	无
咸亨国际科技股份有限公司	733	S/M/L	日本	270	耐磨、柔软	无

9　绝缘靴

适用电压等级　　10kV/35kV

用途

用于配电线路带电作业时小腿及足部的绝缘防护。

执行标准

GB 12016　绝缘鞋（靴）绝缘性能试验方法

GB 14286　带电作业术语

DL/T 676　带电作业用绝缘鞋（靴）通用技术条件

相关标准技术性能要求

1. 采用优质天然橡胶注压而成。

2. 具有良好的耐磨、耐低温、热老化性能；抗一般性撕裂。

3. 使用温度：－25～55℃。

4. 最大使用电压：交流 10kV/35kV。

5. 电气性能：

电 气 性 能 要 求

名称	电气性能级别	额定工作电压/kV	型式试验		预防性试验		泄漏电流值/mA
			试验时间/min	试验电压/kV	试验时间/min	试验电压/kV	
绝缘靴	0级	0.4		—		—	—
	1级	3	3	10	1	10	≤20
	2级	10（6）		20		20	≤22
	3级	20		30		30	≤24
	4级	35		40		40	≤26

注：工频耐压试验过程中应无击穿、无闪络、无明显发热。

参考图片及参数

企业名称	型号规格	尺码（鞋长）/mm	产地	电气性能级别	最大使用电压/kV	试验电压/[kV·(3min)⁻¹]	颜色
双安科技（天津）有限公司	6kV	235～285	中国	—	10	6	黑
	20kV	235～275	中国	—	10	20	黑
	25kV	235～275	中国	—	20	25	黑
	30kV	235～275	中国	—	21.75	30	黑
	35kV	235～275	中国	—	30	35	黑
天津双安劳保橡胶有限公司	XTDD2GJ	38、40、42、44	中国	2级(20kV)	10	20	棕红
	XTDD3GJ	38、40、42、44	中国	3级(30kV)	20	30	棕红
	XTDD4GJ	38、40、42、44	中国	4级(40kV)	35	40	棕红
广州同希机电工程有限公司	YS1130-01-04/05/06/07/08	250～270	日本	20kV	17	20	棕
北京中诚立信电力技术有限公司	YS113-01	40～48	日本	20kV	—	—	棕
	YS112-01	40～48	日本	30kV	—	—	棕

企业名称	型号规格	尺码（鞋长）/mm	产地	电气性能级别	最大使用电压/kV	试验电压/[kV·(3min)⁻¹]	颜色
北京正泽	21402	9~10	中国	17kV	17	20	黄黑
	21405	9~10	中国	17kV	17	20	红黑
	31924	9~10	中国	17kV	17	20	黄黑
天津市华电电力器材股份有限公司	HD-DAZ-JYX	250~275	美国	2级(10kV)	20	20	黄
西安鑫烁电力科技有限公司	XS-JYXU（2）	225~300	中国	2级(10kV)	10	20	棕红
	XS-JYXU（4）	225~300	中国	4级(35kV)	35	40	棕红
上海诚格安全防护用品有限公司	RedEagle-B-SB 20Kv	可选	马来西亚	20kV	20	20	橘红/绿
圣耀（集团）有限公司	YS113-01-03	250	日本	2级(20kV)	17	20	灰
	YS113-01-04	255	日本	2级(20kV)	17	20	灰
	YS113-01-05	260	日本	2级(20kV)	17	20	灰
	YS113-01-06	265	日本	2级(20kV)	17	20	灰
	YS113-01-07	270	日本	2级(20kV)	17	20	灰
	YS113-01-08	280	日本	2级(20kV)	17	20	灰
	YS112-01-03	250	日本	3级(30kV)	26.5	30	灰
	YS112-01-04	255	日本	3级(31kV)	26.6	31	灰
	YS112-01-05	260	日本	3级(32kV)	26.7	32	灰
	YS112-01-06	265	日本	3级(33kV)	26.8	33	灰
	YS112-01-07	270	日本	3级(34kV)	26.9	34	灰
	YS112-01-08	280	日本	3级(35kV)	26.10	35	灰
咸亨国际科技股份有限公司	240-2	250/255/260/265/270/280	日本	10kV	17	20	棕
保定阳光电力设备有限公司	25kV	255/219	中国	25kV	25	25	黑

10　绝缘鞋

适用电压等级　10kV/35kV

用途

用于配电线路带电作业时足部的绝缘防护。

执行标准

GB 12016　绝缘鞋（靴）绝缘性能试验方法

GB 14286　　带电作业术语

DL/T 676　　带电作业用绝缘鞋（靴）通用技术条件

GB 12011　　足部防护　电绝缘鞋

相关标准技术性能要求

1. 绝缘鞋按材质分为布面绝缘鞋、皮面绝缘鞋、胶面绝缘鞋。

2. 按系统电压分为 2 类：0.4kV（出厂试验：工频耐受电压 6kV/1min，泄漏电流不大于 2.5mA）、3～10kV（出厂试验：工频耐受电压 20kV/2min，泄漏电流不大于 10mA）绝缘鞋。

3. 机械性能满足 DL/T 676 标准要求。

4. 电气性能：

电 气 性 能 要 求

名称	分类	试验时间/min	型式/出厂试验		预防性试验	
			试验电压/kV	泄漏电流值/mA	试验电压/kV	泄漏电流值/mA
绝缘鞋（非橡胶）	皮鞋	1	6	≤1.8	5	≤1.5
	布面胶鞋		5	≤1.5	3.5	≤1.1
			15	≤4.5	12	≤3.6

参考图片及参数

企业名称	型号规格	尺码	产地	最大使用电压/kV	型式试验报告
保定阳光电力设备有限公司	6kV	42	中国	6	有
	5kV	225～280	中国	0.5	有
	10kV	225～280	中国	1	有
	15kV	225～280	中国	1	有
北京中诚立信电力技术有限公司	HD－FJDX	38～45	中国	6	无
天津市华电电力器材股份有限公司	HD－FJDX	38～45	中国	6	无
西安鑫烁电力科技有限公司	XS－JYX（2）	38～46	中国	10	无
	XS－JYX（4）	38～46	中国	35	无

企业名称	型号规格	尺码	产地	最大使用电压/kV	型式试验报告
圣耀（集团）有限公司	51508	全码7～17	美国	20	无
	51509	全码7～17	美国	20	无
	51581	全码5～17	美国	20	无
	51530	全码6～17	美国	20	无

11 绝缘套鞋

适用电压等级　10kV

用途

用于配电线路带电作业时足部的绝缘防护。

执行标准

GB 21147　个体防护装备防护鞋

DL/T 676　带电作业用绝缘鞋（靴）通用技术条件

相关标准技术性能要求

1. 采用抗臭氧天然橡胶加工制作而成。
2. 具有良好的耐磨、耐低温、热老化性能；抗一般性撕裂。
3. 使用温度一般为－25～55℃。
4. 最大使用电压：交流10kV。
5. 电气性能：

电 气 性 能 要 求

名称	电气性能级别	额定工作电压/kV	型式试验		预防性试验		泄漏电流值/mA
			试验时间/min	试验电压/kV	试验时间/min	试验电压/kV	
绝缘靴（绝缘套鞋）	0级	0.4		—		—	—
	1级	3		10		10	≤20
	2级	10（6）	3	20	1	20	≤22
	3级	20		30		30	≤24
	4级	35		40		40	≤26

注：工频耐压试验过程中应无击穿、无闪络、无明显发热。

参考图片及参数

企业名称	型号规格	尺码	产地	电气性能级别	最大使用电压/kV	试验电压/[kV·(3min)⁻¹]	耐穿刺性/N	型式试验报告
北京正泽商贸有限公司	51508	8～12	中国	17kV	17	20	—	有
	51509	8～12	中国	17kV	17	20	—	有
	51581	8～12	中国	17kV	17	20	—	有
	51530	8～12	中国	17kV	17	20	—	有
双安科技（天津）有限公司		235～285	中国	2/3级	10/20	20/30	—	—
天津双安劳保橡胶有限公司	TXDD2XJ	46	中国	2级（20kV）	10	20	≥18	—
	TXDD4XJ	46	中国	4级（40kV）	35	40	≥18	—
广州同希机电工程有限公司	51530	39～45	中国	20kV	17	20	—	—
	51581	39～45	中国	20kV	17	20	—	—
北京中诚立信电力技术有限公司	HD-DAZ-JYTX	35～44	美国	—	20	20	≥18	—
天津市华电电力器材股份有限公司	HD-DAZ-JYTX	35～44	美国	2级（10kV）	20	20	≥18	无
西安鑫烁电力科技有限公司	XS-JYTX(2)	38～45	中国	2级（10kV）	10	20	≥18	无
	XS-JYTX(4)	38～45	中国	4级（35kV）	35	40	≥18	无
圣耀（集团）有限公司	21406	6～17	美国	2级（20kV）	17	20	—	—
	21405	6～17	美国	2级（20kV）	17	20	—	—
	31924	6～17	美国	2级（20kV）	17	20	—	—
	21402	7～17	美国	2级（20kV）	17	20	—	—
咸亨国际科技股份有限公司	51581	8～12	美国	10kV	17	20	—	—
	51509	8～12	美国	10kV	17	20	—	—
	51530	8～12	美国	10kV	17	20	—	—

检 测 工 具

1 斗臂车用泄漏电流监测仪

适用电压等级 10~35kV

用途

用于带电作业时实时监测绝缘斗臂车的泄漏电流。

执行标准

SJ/T 11383 泄漏电流测试仪通用技术规范

相关标准技术性能要求

1. 泄漏电流监测仪应结构完整、外观完好，无明显机械损伤；所有开关按钮应安装正确、可靠、操作灵活。具有足够的抗电强度，电源输入端与外壳之间施加 1.5kV 工频电压，保持 1min，不应有异响或击穿现象。

2. 测量电流范围：1~1000μA；电池 12V；包括电源连接线、信号传输线。

3. 可随车携带，抗震性能好；安装灵活，可安装在绝缘斗臂车上工具箱内。

4. 具备泄漏电流超限报警功能。

5. 电气性能：

电 气 性 能 要 求

	不同频率下泄漏电流的预期值				抗电强度实验				
	输入电压/V	频率/Hz	输入电压与输出电压的比值	泄漏电流预期值/mA	输入电压/V	频率/Hz	有效时间/min	击穿电流设定值/mA	实验要求
斗臂车用泄漏电流检测仪	10	20	4.00	5.000	1.5（电源输入端未使用电源滤波器的测试仪）	50	1	5	未出现电流击穿现象
		50	3.99	5.013					
		60	3.99	5.013					
		100	3.96	5.051					
		200	3.87	5.168					
		500	3.54	5.650					

	不同频率下泄漏电流的预期值				抗电强度实验				
	输入电压 /V	频率 /Hz	输入电压与输出电压的比值	泄漏电流预期值 /mA	输入电压 /V	频率 /Hz	有效时间 /min	击穿电流设定值 /mA	实验要求
斗臂车用泄漏电流检测仪	10	1k	3.43	5.831	2.1（电源输入端使用电源滤波器的测试仪）	50	1	5	未出现电流击穿现象
		2k	4.06	4.926					
		5k	7.50	2.667					
		10k	14.10	1.418					
		20k	27.80	0.7194					
		50k	69.20	0.28902					
		100k	138.00	0.14493					

参考图片及参数

企业名称	型号规格	测量电流范围 /μA	操作电压 /V	标准配件	型式试验报告
北京中诚立信电力技术有限公司	C4070025	1～1000	12	电源连接线一条、信号传输线一条	无
西安鑫烁电力科技有限公司	XS-XDJ-DY	1～1000	12	电源连接线一条、信号传输线一条	无

2　钳形电流表

适用电压等级　0.4kV

用途

用于绝缘手套作业法带电作业时测量线路负荷电流。

执行标准

JB/T 9285　钳形电流表

相关标准技术性能要求

1. 钳形电流表适用于电压不超过 650V、频率 45~65Hz，具有钳形电流互感器装置，模拟显示，用以测量交直流电流。

2. 电气性能：

电 气 性 能 要 求

	电器实验要求性能				可靠性实验	
	谐振性能	钳式电流互感器的窗口内接圆直径和钳口张开尺寸		测量机构可靠性要求	钳口开口可靠性要求	钳形表转换开关可靠性要求
		电流量限制/A	内接圆直径和钳口张开尺寸/mm			
钳式电流表	在参比频率范围内的任一频率下，由此引起其指示器末端产生的谐振性振动范围，不应大于标度尺上最细分度线宽度	>250	≥20	测量机构平均寿命为 80 万次	钳口开合平均寿命为 3 万次，试验后钳口无损伤、松动	转换器开关平均寿命为 3 万次，用转动器计数
		>600	≥25			
		>1000	≥30			
		>1000	≥40			

参考图片及参数

企业名称	型号规格	量限	安装类型	交流/直流电压测量/V	数字显频	型式试验报告
广州同希机电工程有限公司	2002PA	—	—	40/400/750	数字	无
咸亨国际（杭州）电气制造有限公司	S222	AC/DC：1.0～2500A	手持	1000	10Hz～60MHz	无
	S210	AC/DC：0.001～100A	手持	600	无	无
	S215	AC/DC：0.1～1000A	手持	AC：750 DC：1000	10Hz～1MHz	无

3　绝缘杆式电流检测仪

适用电压等级　10～35kV

用途

用于绝缘杆作业法带电作业时测量线路负荷电流。

执行标准

GB 13398　带电作业用空心绝缘管、泡沫填充绝缘管和实心绝缘棒

JB/T 9285　钳形电流表

相关标准技术性能要求

1. 绝缘杆式电流检测仪由专用开口电流检测仪和绝缘操作杆组合而成，用于测量线路负荷电流。耐压等级依据绝缘杆的有效绝缘长度而定。

2. 测量范围一般为0～1000A（50/60Hz）。

3. 电气性能：

电气性能要求

电器实验要求性能

绝缘杆式电流检测仪	谐振性能	钳式电流互感器的窗口内接圆直径和钳口张开尺寸	
		电流量限制/A	内接圆直径和钳口张开尺寸/mm
	在参比频率范围内的任一频率下，由此引起其指示器末端产生的谐振性振动范围，不应大于标度尺上最细分度线宽度	>250	>20
		>600	>25
		>1000	>30
		>1000	>40

可靠性实验

测量机构可靠性要求	钳口开合可靠性要求	钳形表转换器开关可靠性要求
测量机构平均寿命为80万次	钳口开合寿命为3万次，试验后钳口无损伤、松动	转换器开关平均寿命为3万次，用转动器计数

材料试验

	标称外径/mm	试品电极间距离/mm	工频耐压试验/kV	泄漏电流/μA	
				干试验	受潮后试验
实心棒	30及以下	300	100	<10	<30
	30以上			<15	<35
管材	30及以下			<10	<30
	30~70			<15	<40

仪器绝缘杆部件的工频耐压试验和泄漏电流试验

额定电压/kV	试验长度/m	工频耐压试验				泄漏电流试验		
		型式试验		预防性试验（出厂试验）		型式试验		
		试验电压/kV	耐压时间/min	试验电压/kV	耐压时间/min	试验电压/kV	加压时间/min	泄漏电流/mA
10	0.4	100	1	45	1	8	15	<0.5

参考图片及参数

企业名称	型号规格	仪表尺码 /(mm×mm×mm)	线径 /mm	采样速率 /(次·s⁻¹)	换挡	线路电压 /kV	型式试验报告
北京中诚立信电力技术有限公司	HD-9000s	76×255×31	35	2	数显、手动两挡	26	无
天津市华电电力器材股份有限公司	HD-9000s	76×255×31	35	2	数显、手动两挡	26	无
西安鑫烁电力科技有限公司	XS-DJY-JYG	76×255×31	35	2	数显、手动两挡	26	无
咸亨国际（杭州）电气制造有限公司	S290	检测仪：76×255×31 接收器：78×212×41	48	约2	自动	≤60	无
	S290B	检测仪：76×255×31 接收器：78×212×41	48	约2	自动	≤60	无
	S290X	检测仪：107×252×31 接收器：78×212×41	68	约2	自动	≤60	无

4　兆欧表（绝缘检测仪）

适用电压等级　通用

用途

用于带电作业前检查绝缘工具、电气设备或电气线路对地的绝缘电阻。

执行标准

JJG 622　绝缘电阻表（兆欧表）检定规程

相关标准技术性能要求

1. 绝缘电阻表按额定电压分为 50V、100V、250V、500V、1000V、2000V、2500V、5000V、10000V 9 种。按准确度等级分为 1.0、2.0、5.0、10.0、20.0 五级。内置的直流电源分为内附手摇发电机、电池；并有与交流电网和整流电路配合的装置。

2. 绝缘电阻表的测量线路与外壳之间的绝缘电阻在标准条件下，当额定电压不大于 1kV 时，应高于 20MΩ；当额定电压大于 1kV 时，应高于 30MΩ。

3. 电气性能：

电气性能要求表 1

绝缘电阻表准确度等级		1.0	2.0	5.0	10.0	20.0
允许误差限值/%	Ⅱ区段	±1.0	±2.0	±5.0	±10.0	±20.0
	Ⅰ、Ⅲ区段	±2.0	±5.0	±10.0	±20.0	±50.0

电气性能要求表 2

额定电压/V		500	>2500	>10000
试验电压/kV（有效值）	环境温度：5～40℃；相对湿度：30%～80%	1	CU	$0.9CU$

注：U 为绝缘电阻表额定电压值，C 为绝缘电阻表端组峰值电压。

电气性能要求表 3

试验电压/kV	0.5～3	≥3
实验装置容量/kVA	>0.25	>0.5

参考图片及参数

企业名称	型号规格	额定测试电压/V	测量范围（自动转换）	电源	外形尺寸/(mm×mm×mm)	型式试验报告
广州同希机电工程有限公司	3121B	2500	2GΩ/100GΩ	电池式	指针	无
	3122B	5000	5GΩ/200GΩ	电池式	指针	无
北京中诚立信电力技术有限公司	HD–JYYB	2500	0～1000MΩ	手摇	218×135×130	无
天津市华电电力器材股份有限公司	HD–JYYB	2500	0～1000MΩ	手摇式	215×135×130	无
咸亨国际（杭州）电气制造有限公司	S327	250/500/1000/2500/5000	0.5MΩ～10TΩ	蓄电池	330×410×180	无
	S328	500/1000/2500/5000/10000/1200	0.5MΩ～35TΩ	蓄电池	330×410×180	无

5　数字式绝缘电阻检测仪

适用电压等级　通用

用途

用于带电作业前检查绝缘工具、电气设备或电气线路对地的绝缘电阻。

执行标准

DL/T 845.1　电子式绝缘电阻表

相关标准技术性能要求

1. 数字式绝缘电阻检测仪按额定电压分为 500V、1000V、2500V、5000V、10000V 5 种；按电阻值分为 10MΩ、20MΩ、50MΩ、100MΩ、200MΩ、500MΩ、1000MΩ、2000MΩ、2500MΩ、5000MΩ 10 种。

2. 外表应整洁美观，不应有缺陷；控制调节机构和指示装置应运行平稳，无阻滞和抖动现象。

3. 安全性能应符合 GB 4793.1 的规定。

4. 电气性能：

电 气 性 能 要 求

数字式绝缘电阻检测仪	模拟式绝缘表准确度等级		0.2	0.5	1.0	2.0	5.0	10.0	20.0
	基本误差极限值/%	高准确度区段	±0.2	±0.5	±1.0	±2.0	±5.0	±10.0	±20.0
		低准确度区段	±0.5	±1.0	±2.0	±5.0	±10.0	±20.0	±50.0
	数字式绝缘电阻表准确度等级		0.2	0.5	1.0	2.0	5.0	10.0	20.0
	变换系数		0.2	0.5	1.0	2.0	5.0	10.0	20.0
	固定误差		1d	1d	2d	2d	2d	4d	4d

注：d 为显示值最末尾数的 1 个单位所对应的量值。

企业名称	型号规格	电压量程/V	绝缘电阻	双重有效最大量程/GΩ	供电方式	型式试验报告
广州同希机电工程有限公司	3125A	500/1000/2500/5000	1000GΩ		电池式	无
北京中诚立信电力技术有限公司	HD-3125	500/1000/2500/5000	1000GΩ	1.6/100	直流：7～9V（6节5V镉镍可充电电池）外接交流220V电源进行充电	无
天津市华电电力器材股份有限公司	HD-3125	500/1000/2500/5000	1000GΩ	1.6/100	直流：7～9V（6节5V镉镍可充电电池）外接交流220V电源进行充电	无
西安鑫烁电力科技有限公司	XS-JDJY-S	500/1000/2500/5000	1000GΩ	1.6/100	直流：7～9V（6节5V镉镍可充电电池）外接交流220V电源进行充电	无
咸亨国际（杭州）电气制造有限公司	S325X	250/500/1000/2500/5000	0.25MΩ～1000GΩ	1000	锂电池	无
	S325U	500/1000/2500/5000	0.25MΩ～1000GΩ	1000	干电池	无
	S325U（电极版）	500/1000/2500/5000	0.25MΩ～1000GΩ	1000	干电池	无
	S321A	2500	0MΩ～100GΩ	100	干电池	无

6　无线核相仪

适用电压等级　10～500kV

用途

　　用于带电作业时对两路电源并列前的相位核对。

执行标准

DL/T 971 带电作业用交流 1~35kV 便携式核相仪

相关标准技术性能要求

1. 无线核相仪由绝缘操作杆和核相显示部分组成。使用核相仪进行检测时应给出明确的"不正确相位关系"或"正确相位关系"信号，核相仪所指示的不正确相位关系角误差不超过 ±10°。

2. 无线核相仪所用的绝缘操作杆应有足够的绝缘强度，以适应被检测电压。核相仪应具有足够的防短接、抗震、抗跌落、抗冲击能力。核相仪进行检测时，其泄漏电流不应超过 0.5mA。核相仪引线的连接部件和引线的绝缘应能耐受 1.2 额定电压。

3. 电气性能：

电 气 性 能 要 求

	大气条件			湿态实验	标称电压 U/kV	户内受限点距离/mm	户外受限点距离/mm
无线核相仪				通电前每台核相仪用异丙醇清洗干净在空气中晾干放置 15min	$U \leqslant 6.0$	50	150
	环境温度/℃	相对湿度/%	气压/kPa		$6.0 < U \leqslant 10.0$	85	180
					$10.0 < U \leqslant 20.0$	115	215
	15~35	45~75	86~106		$20.0 < U \leqslant 35.0$	180	325

参考图片及参数

企业名称	型号规格	适用电压/kV	操作杆耐压	准确度	采样速率/(次·s^{-1})	传输距离/m	工作环境	储存环境	自动关机	型式试验报告
天津市华电电力器材股份有限公司	GHX/W-HD	0.4~500	0.4m/100kV/1min	同相误差 ≤10° 不同相误差 ≤15°	3	≤30	温度：−25~55℃；湿度：≤96%RH	温度：−40~55℃；湿度：≤96%RH	15min 无动作	有

续表

企业名称	型号规格	适用电压/kV	操作杆耐压	准确度	采样速率/(次·s⁻¹)	传输距离/m	工作环境	储存环境	自动关机	型式试验报告
北京中诚立信电力技术有限公司	CHX/W－HD	0.4～500	0.4m/100kV/1min	同相误差≤10°不同相误差≤15°	3	≤30	温度：－25～55℃；湿度：≤96%RH	温度：－40～55℃；湿度：≤97%RH	15min无动作	无
西安鑫烁电力科技有限公司	XS－HXY－WX	0.4～500	0.4m/100kV/1min	同相误差≤10°，不同相误差≤15°	3	≤30	温度：－25～55℃；湿度：≤96%	温度：40～50℃；湿度：≤96%	15min无动作	无

7 低压相序表

适用电压等级 0.4kV

用途

用于两路低压电源并列前的相序核对。

执行标准

GB/T 2900.89 电工术语 电工电子测量和仪器仪表

相关标准技术性能要求

1. 低压相序表常用于检测三相交流电中出现的缺相、逆相、三相电压不平衡、过电压、欠电压等故障现象。

2. 测量范围 70～1000V；最高工频耐压 2000V/1min；频率范围 45～66Hz。

参考图片及参数

企业名称	型号规格	最高工频耐压	工频耐压	可测量的频率范围/Hz	型式试验报告
咸亨国际（杭州）电气制造有限公司	S500D	1000V	AC 70～1000V	45～65（正弦波连续输入）	有

8　双工无线对讲系统

适用电压等级　通用

用途

用于带电作业现场班组人员间的无障碍通话。

执行标准

GB/T 31070.1　楼寓对讲系统　第 1 部分：通用技术要求

相关标准技术性能要求

1. 双工无线对讲系统应采用无线电委员会许可的 2.4GHz 无线 RF 射频通信公用频段等技术进行全双工对讲，要求携带方便，具有良好的防水、防尘、抗震、抗冲击性能，使用操作简便，免手持；不受环境（电磁场、噪声、人体）干扰。

2. 传输距离：开阔无障碍地区不小于 150m，同时满足 5 人的全双工对讲；连续工作时间不小于 6h。

3. 电气性能：

电 气 性 能 要 求

	项目	Ⅰ级		Ⅱ级		Ⅲ级	
		额定值/℃	试验时间/h	额定值/℃	试验时间/h	额定值/℃	试验时间/h
双工无线对讲系统	高温实验（工作状态）	55	16	70	16	90	16
		用户接收机、管理机和安装室内的辅助装置：55℃16h					
	低温实验（工作状态）	−10	16	−25	16	−40	16
		用户接收机、管理机和安装室内的辅助装置：−10℃16h					
	恒定湿热实验（工作状态）	额定值	试验时间/h	额定值	试验时间/h	额定值	试验时间/h
		温度：40℃；相对湿度：93%	96	温度：40℃；相对湿度：93%	96	温度：40℃；相对湿度：93%	96
	正弦振动实验（工作状态）	频率 10～150Hz 加速度 2m/s² 扫描频率 1otc/min 三轴向各一个循环	—	频率 10～150Hz 加速度 2m/s² 扫描频率 1otc/min 三轴向各一个循环	—	频率 10～150Hz 加速度 2m/s² 扫描频率 1otc/min 三轴向各一个循环	—

参考图片及参数

企业名称	型号规格	无线通话距离/m	工作时长/h	通话方数	频段	型式试验报告
北京中诚立信电力技术有限公司	HD-SWDJ	150	＞7	全双工无线五方无障碍通话	2.4GHz频段数字技术	无
天津市华电电力器材股份有限公司	HD-SWDJ	150	＞7	全双工无线五方无障碍通话	2.4GHz频段数字技术	无
陕西秦能电力科技股份有限公司	QNTZX-I	单个模组300	6～10	5～7	425～455MHz	无

9 温度检测仪

适用电压等级 通用

用途

用于带电作业前测量环境温度。

执行标准

JJG 874 温度指示控制仪检定规程

相关标准技术性能要求

1. 温度检测仪采用专用电子芯片，配合温度传感器，经过数字化温度校正，实现温度的精确测量。要求整机采用防水设计，适合潮湿环境使用；低功耗，长寿命。

2. 测温范围−60～200℃；分辨率0.1℃；电源为纽扣电池。

3. 电气性能：

电 气 性 能 要 求

	计量性能要求							绝缘强度实验		
	指针式温控仪示值误差							环境	仪表端子电压 U 标称值/V	试验电压/V
温度检测仪	测量范围/℃	10～50	10～100	−50～50	50～200	100～300	20～200	20～300	温度：15～35℃；相对湿度：＜80%	0＜U＜60	500
	示值允许误差/℃	±1	±2	±3	±5	±5	±8	±10			

计量性能要求							绝缘强度实验		
	指针式温控仪示值误差						环境	仪表端子电压 U 标称值 /V	试验电压 /V
温度检测仪	数字式温控仪示值误差						温度：15～35℃；相对湿度：<80%	60≤U<130	1000
	测量范围 /℃	−50～50	0～50	0～99.9	0～100	0～200	0～300		
	示值允许误差 /℃	±2	±0.7	±1.0	±3	±5	±10	130≤U<250	1500
	切换差 /℃	0.3	0.2	0.2	0.3	0.5	0.5		

参考图片及参数

企业名称	型号规格	温度测量范围 /℃	测温精度 /℃	温度分辨率 /℃	湿度测量范围	湿度分辨率 /%	电源	外形尺寸 /(mm×mm×mm)	型式试验报告
西安鑫烁电力科技有限公司	XS-WJY	—	±0.5（0～45℃），±1（−20～0℃，45～60℃）	0.1	0～100%RH	0.1	4×1.5V AAA 电池	184×60×29	无

10 湿度检测仪

适用电压等级

通用

用途

用于带电作业前测量环境相对湿度。

执行标准

GB/T 11605 湿度测量方法

相关标准技术性能要求

1. 温度测量范围−20～60℃；分辨率 0.1%RH；精度±2.5%RH（25℃时）。

2. 湿度测量：0～100％。

3. 电气性能：

电 气 性 能 要 求

测量方法		原理	精 密 度	
			重复性	再现性
湿度检测仪	伸缩法	利用毛发等材料长度随湿度变化而变化直接指示相对湿度	两次结果误差之差不大于1.5％RH	两次结果误差之差不大于7％RH
	干湿球法	干球温度与湿球温度之差取决于环境的相对湿度，从而显示出空气的相对湿度	两次结果误差之差不大于2％RH	两次结果误差之差不大于3％RH
	冷凝露点法	等压冷却的方法使被测气样中的水蒸气在露层传感器表面与水的平展表面成热力学平衡状态，测量气体的温度，即为该气体的露点	两次结果误差之差不大于1％露点	两次结果误差之差不大于3％露点
	氯化锂露点法	通过测量氯化锂饱和溶液的水蒸气压与气样水蒸气压平衡时的温度，来确定气体的温度	两次结果误差之差不大于0.5％露点	两次结果误差之差不大于3％露点
	电阻电容法	利用湿敏原件的电阻值、电容值随环境湿度变化而按照一定规律变化的特性进行测量	两次结果误差之差不大于2％RH	两次结果误差之差不大于6％RH

参考图片及参数

企业名称	型号规格	温度测量范围/℃	分辨率	精度	湿度测量	型式试验报告
西安鑫烁电力科技有限公司	XS-SJY	—	湿度：0.1％；温度：0.1℃	湿度：±2.5％（25℃时）；温度：±0.7℃	0～100％	无

11 风速检测仪

适用电压等级 通用

用途

用于带电作业前测量现场风速。

执行标准

JB/T 11258 数字风向风速测量仪

相关标准技术性能要求

1. 风速检测仪一般由测风传感器、连接电缆、数据采集器、处理器和显示终端等组成。

2. 启动风速应不大于 0.5～1.5m/s；风速量程 0.4～30.0m/s；平均故障间隔时间应不少于 1000h。

3. 电气性能：

电 气 性 能 要 求

	类别	分辨力	测量范围	最大允许误差
			风向	
	风杯式	3″	0～360″	±3″（基准站）；±5″（基本站）
	螺旋桨式	10″	0～360″	±10″
	叶轮式	—	—	—
	超声波式	1″	0～360″	±3″
	热球式	—	—	—
	压力管式	1″	0～360″	±20″（≤2.0m/s）；±10″（2.0～5.0m/s）；±20″（>5.0m/s）
	正交压力式	2″	0～360″	±20″（<1.3m/s）；±8″（1.3～5.1m/s）；±6″（>5.1m/s）
风速检测仪			风速	
	风杯式	0.1m/s	0～20.0m/s；0～30.0m/s；0～60.0m/s	±（0.3+0.03v）m/s（基准站）；±（0.5+0.03v）m/s（基本站）；v 为显示风速
	螺旋桨式	1.0m/s	0～60.0m/s；0～90.0m/s	±1.0m/s（≤10.0m/s）；±10%（>10.0m/s）或者±（1.0+0.03v）m/s；v 为显示风速
	叶轮式	0.5m/s	0～20.0m/s	±0.5m/s（≤5.0m/s）；±10%v（>5.0m/s）；v 为显示风速
	超声波式	0.1m/s	0～60.0m/s	±0.3m/s（<35.0m/s）；±10%v（≥5.0m/s）；v 为显示风速

续表

类别		分辨力	测量范围	最大允许误差
风速检测仪	热球式	—	0～1.0m/s； 1.0～30.0m/s	±3%F.S
	压力管式	0.1m/s	0～60.0m/s	±1.0m/s（<20.0m/s）； ±4%v（≥20.0m/s） v 为显示风速
	正交压力式	1.0m/s	横风：±25.0m/s	±2.0m/s
		1.0m/s	纵风：±25.0m/s	±2.0m/s

注： 正交压力测风仪适配电气压传感器（高度 0～5000m）和气温传感器（－40～55℃，±3℃），并且与测风传感器同步运行；在要求测风误差较小时，还应配备相对应的湿度传感器。

参考图片及参数

企业名称	型号规格	电源/V	外形尺寸/(mm×mm×mm 或 mm×mm)	重量/g	风速量程/(m·s^{-1})	屏幕	型式试验报告
西安鑫烁电力科技有限公司	XS－FJY	9	仪表：183×74×33 探头：208×72	约 350（含电池）	0.4～30	数据保持功能，屏幕背光	无

12　温湿度、风速检测仪

适用电压等级　　通用

用途

用于带电作业前测量风速、温度、相对湿度。

GB/T 11605   湿度测量方法

JB/T 11258   数字风向风速测量仪

JJG 874   温度指示控制仪检定规程

JJG 874   温度指示控制仪检定规程

相关标准技术性能要求

1. 测量范围：风速 0.4～40m/s，空气温度－29～70℃，相对湿度 0～100％。

2. 操作范围：风速 0.4～60m/s，温度－45～125℃，湿度 0～100％。

3. 多功能，三行图表显示，可存储 2000 个数据、最小/最大/平均风速，用户可定义，屏幕、小巧、坚固耐用。

4. 电气性能：参考温度检测仪、湿度检测仪、风速检测仪这 3 部分。

参考图片及参数

企业名称	型号规格	测量范围	风速操作范围 /(m·s⁻¹)	温度操作范围	型式试验报告
广州同希机电工程有限公司	GM8910	风速量程：0.4～20m/s；温度量程：－10～50℃	风速精度 ±（0.2m/s ＋2％测量值）	14～131°F /10～55℃	无
西安鑫烁电力科技有限公司	XS－WFJY	风速：0.4～20m/s；空气温度：－10～50℃；空气湿度：0～100％	0.4～40	－10～50℃	无

七

遮 蔽 工 具

1 绝缘毯

适用电压等级 10～35kV

用途

用于配电线路带电作业时对带电体、接地体的绝缘遮蔽。

执行标准

GB/T 12168 带电作业用遮蔽罩
DL/T 803 带电作业用绝缘毯的分类与要求

相关标准技术性能要求

1. 绝缘毯应采用绝缘的橡胶类和塑胶类材料,采用无缝制作工艺制成。按电气性能分为 0 级(380V)、1 级(3kV)、2 级(6～10kV)、3 级(20kV) 四级。

2. 机械性能:拉伸强度和伸长率实验平均拉伸强度小于 11MPa,拉伸永久变形大于 15%,机械刺穿实验平均抗机械刺穿力小于 30N。

3. 电气性能:

电 气 性 能 要 求

绝缘毯	额定电压 /kV	工频耐压试验							
		交接试验			预防性试验			
		试验电压 /kV	加压时间 /min	试验要求	试验电压 /kV	加压时间 /min	试验要求	试验周期
	10	20	3	无闪络、 无击穿、 无过热	20	1	无闪络、 无击穿、 无过热	6 个月

参考图片及参数

 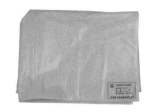 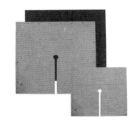

企业名称	型号规格	产地	材质	外形尺寸 /(mm×mm)	电气性能级别	适用电压等级 /kV	最大适用电压 /kV	型式试验报告
北京正泽商贸有限公司	300E	美国	天然橡胶	914×914	17kV	17	20	有
	1100	美国	合成橡胶	914×914	17kV	17	20	有
	900e	美国	合成橡胶	914×914	35kV	35	40	有
	1300	美国	合成橡胶	914×914	35kV	35	40	有
	YS241-01-02	日本	树脂	680×800	20kV	10	17	无
	YS241-01-03	日本	树脂	680×1200	20kV	10	17	无
	YS241-01-04	日本	树脂	800×1000	20kV	10	17	无
	YS241-01-05	日本	树脂	900×1000	20kV	10	17	无
北京中诚立信电力技术有限公司	12	美国	天然橡胶	559×559	—	20	—	无
	13	美国	合成橡胶	559×559	—	40	—	无
	400E	美国	天然橡胶	686×914	—	20	—	无
	1000E	美国	合成橡胶	686×914	—	40	—	无
	900E	美国	合成橡胶	914×914	—	40	—	无
	15	美国	合成橡胶	559×559	—	40	—	无
	1100	美国	天然橡胶	914×914	—	20	—	无
	1300	美国	合成橡胶	914×914	—	40	—	无
	14	美国	天然橡胶	559×559	—	20	—	无
	YS241-01-01	日本	树脂式	600×1000	—	20	17	无
	YS241-01-02	日本	树脂式	680×800	—	20	17	无
	YS241-01-03	日本	树脂式	680×1200	—	20	17	无
	YS241-01-04	日本	树脂式	800×1000	—	20	17	无
	YS241-01-05	日本	树脂式	900×1000	—	20	17	无
	YS242-01-01	日本	树脂式	600×1000	—	30	26.5	无
	YS242-01-02	日本	树脂式	680×800	—	30	26.5	无
	YS242-01-03	日本	树脂式	680×1200	—	30	26.5	无
	YS242-01-04	日本	树脂式	800×1000	—	30	26.5	无
	YS242-01-05	日本	树脂式	900×1000	—	30	26.5	无

续表

企业名称	型号规格	产地	材质	外形尺寸/(mm×mm)	电气性能级别	适用电压等级/kV	最大适用电压/kV	型式试验报告
天津市华电电力器材股份有限公司	HD－DAZ－JYT－X	美国	橡胶	914×914	2级(10kV)	10	10	有
	HD－DAZ－JYT－S	日本	树脂	800×1000，可根据客户要求定做	2级(10kV)	10	17	无
西安鑫烁电力科技有限公司	XS－JYT－2SJ	中国	树脂	910×910，可按要求定做	2级(10kV)	10	10	无
	XS－JYT－2XJ	中国	橡胶	910×910，可按要求定做	2级(10kV)	10	10	无
圣耀（集团）有限公司	YS241－01－01	日本	EVA	600×1000	2级(20kV)	17	20	
	YS241－01－02	日本	EVA	680×800	2级(20kV)	17	20	
	YS241－01－03	日本	EVA	680×1200	2级(20kV)	17	20	
	YS241－01－04	日本	EVA	800×1000	2级(20kV)	17	20	
	YS241－01－05	日本	EVA	900×1000	2级(20kV)	17	20	
	YS242－01－01	日本	EVA	600×1000	3级(30kV)	26.5	30	
	YS242－01－02	日本	EVA	680×800	3级(30kV)	26.5	30	
	YS242－01－03	日本	EVA	680×1200	3级(30kV)	26.5	30	
	YS242－01－04	日本	EVA	800×1000	3级(30kV)	26.5	30	
	YS242－01－05	日本	EVA	900×1000	3级(30kV)	26.5	30	
咸亨国际科技股份有限公司	312－2 680×1200	日本	EVA	680×1200	20kV	10	17	
	312－2 700×900	日本	EVA	700×900	20kV	10	17	
	312－2 800×1000	日本	EVA	800×1000	20kV	10	17	
	312－2 900×1000	日本	EVA	900×1000	20kV	10	17	
	312－2 1000×1000	日本	EVA	1000×1000	20kV	10	17	

2　导线遮蔽罩

适用电压等级　10～35kV

用途

用于配电线路带电作业时遮蔽导线、拉线等。

执行标准

DL/T 880　带电作业用导线软质遮蔽罩
ASTM　　美国材料与试验协会标准

相关标准技术性能要求

1.导线遮蔽罩采用橡胶类和塑料类绝缘材料制成。遮蔽罩按电气性能分为 0 级（380V）、1 级（3kV）、2 级（6～10kV）、3 级（20kV）、4 级（35kV）五级。

2.机械性能：拉伸强度和伸长率试验平均拉伸强度小于 11MPa，机械刺穿试验平均抗机械刺穿力小于 30N。

3.电气性能：

电 气 性 能 要 求

额定电压/kV	工频耐压试验						
	交接试验			预防性试验			
	试验电压/kV	加压时间/min	试验要求	试验电压/kV	加压时间/min	试验要求	试验周期
10	—	3	无闪络、无击穿、无过热	30	1	无闪络、无击穿、无过热	6个月

参考图片及参数

企业名称	型号规格	产地	材质	外形尺寸/(mm×mm)	电气性能级别	适用电压等级/kV	最大适用电压/kV	特殊用途	型式试验报告
北京正泽商贸有限公司	OR125－3C	美国	橡胶	31.5×900	17kV	17	20	—	有
	OR125－45C	美国	橡胶	31.5×1372	17kV	17	20	—	有
	OR125－6C	美国	橡胶	31.5×1820	17kV	17	20	—	有
	OR150－45C	美国	橡胶	40×1372	26.5kV	26.5	30	—	有
	SU150－45C	美国	橡胶	40×1372	35kV	35	40	—	有
	21173	美国	聚乙烯	50.8×1500	26.5kV	26.5	30	—	有
	21172	美国	聚乙烯	50.8×1500	26.5kV	26.5	30	—	有
	21315	美国	聚乙烯	50.8×1500	26.5kV	26.5	30	—	有
	21826	美国	聚乙烯	50.8×1800	35kV	35	40	—	有

企业名称	型号规格	产地	材质	外形尺寸/(mm×mm)	电气性能级别	适用电压等级/kV	最大适用电压/kV	特殊用途	型式试验报告
江苏恒安电力工具有限公司	HA－DXZBZ	中国	硬质	600×220	2级(10kV)	10	10	用于遮蔽导线	无
广州同希机电工程有限公司	YS201－12－02	日本	橡胶	30×600	20kV	10	17	用于跳线	无
	YS201－12－03	日本	橡胶	20×360	20kV	10	17	用于跳线	无
	YS201－12－01	日本	橡胶	30×1200	20kV	10	17	用于跳线	无
	YS306－04－01	日本	PE	35×1500	20kV	10	17	用于遮蔽导线	无
	YS301－62－11	日本	PE	35×3000	20kV	10	7	用于遮蔽导线	无
	YS286－07－27	日本	PE	35×3000	20kV	10	17	用于遮蔽导线	无
天津市华电电力器材股份有限公司	HD－DZB－NX	中国	硬质	30×1100	2级(10kV)	10	17	—	无
	HD－DZB－RD	美国	软质	30×1370	2级(10kV)	10	17	—	无
西安鑫烁电力科技有限公司	XS－DXZ	中国	硬质	30×1100	2级(10kV)	10	17	—	无
咸亨国际科技股份有限公司	340－2	日本	天然橡胶	30×1200	20kV	10	17	—	无
	362－235×1500	日本	轻型PVC	35×1500	20kV	10	17	—	无
	362－235×3000	日本	轻型PVC	35×3000	20kV	10	17	—	无
	21172	美国	高分子聚乙烯	51×1500	20kV	10	17	可操作杆安装	无
	21173	美国	高分子聚乙烯	51×1500	20kV	10	17	—	无
	OR125－45C	美国	橘红色橡胶	31.5×1372	20kV	10	17	—	无

3　跌落式熔断器遮蔽罩

适用电压等级　　10～35kV

用途

用于配电线路带电作业时遮蔽跌落式熔断器。

执行标准

GB/T 12168　带电作业用遮蔽罩

相关标准技术性能要求

1. 遮蔽罩采用橡胶类和软质塑料类绝缘材料制成，按电气性能分为 0 级（380V）、1 级（3kV）、2 级（6～10kV）、3 级（20kV）、4 级（35kV）五级。

2. 机械性能：拉伸强度和伸长率试验平均拉伸强度小于 11MPa，机械刺穿试验平均抗机械刺穿力小于 30N。

3. 电气性能：

电 气 性 能 要 求

额定电压 /kV	工频耐压试验						
	交接试验			预防性试验			
	试验电压 /kV	加压时间 /min	试验要求	试验电压 /kV	加压时间 /min	试验要求	试验周期
10	—	3	无闪络、无击穿、无过热	30	1	无闪络、无击穿、无过热	6 个月

参考图片及参数

企业名称	型号规格	产地	材质	外形尺寸 /(mm×mm×mm)	电气性能级别	适用电压等级 /kV	最大适用电压 /kV	型式试验报告
北京正泽商贸有限公司	CC24	美国	橡胶	600×376×88	17kV	17	20	有
	CC30	美国	橡胶	750×500×175	35kV	35	40	有
天津市华电电力器材股份有限公司	HD-DZB-DRQ	美国	橡胶	600×376×88	2级(10kV)	10	10	无
西安鑫烁电力科技有限公司	XS-RHZ	中国	橡胶	—	2级(10kV)	10	10	无
咸亨国际科技股份有限公司	CC24	美国	橡胶	600×376×88	20kV	10	17	无

4　避雷器遮蔽罩

适用电压等级　10kV

用途

　　用于配电线路带电作业时遮蔽避雷器。

执行标准

　　GB/T 12168　带电作业用遮蔽罩

相关标准技术性能要求

　　1. 遮蔽罩采用橡胶类和塑料类绝缘材料制成，按电气性能分为 0 级（380V）、1 级（3kV）、2 级（6～10kV）、3 级（20kV）、4 级（35kV）五级。

　　2. 机械性能：受冲击力后其凹痕直径不大于 5mm，冲击处无裂痕、无明显损伤。

　　3. 电气性能：

电 气 性 能 要 求

额定电压 /kV	工频耐压试验						
	交接试验			预防性试验			
	试验电压 /kV	加压时间 /min	试验要求	试验电压 /kV	加压时间 /min	试验要求	试验周期
10	—	3	无闪络、无击穿、无过热	30	1	无闪络、无击穿、无过热	6 个月

参考图片及参数

企业名称	型号规格	产地	材质	外形尺寸 /(mm×mm)	电气性能级别	适用电压等级 /kV	最大适用电压 /kV	型式试验报告
北京正泽商贸 有限公司	536A	美国	橡胶	113×375	35kV	35	40	有
	636A	美国	橡胶	138×550	35kV	35	40	有
天津市华电电力器材 股份有限公司	HD－DZB－BL	中国	硬质	—	2级(10kV)	10	10	无
西安鑫烁电力科技 有限公司	XS－BHZ	中国	橡胶	—	2级(10kV)	10	10	无
咸亨国际科技股份 有限公司	536A	美国	橡胶	113×375	20kV	10	17	无

5　直线绝缘子遮蔽罩

适用电压等级　10～35kV

用途

用于配电线路带电作业时遮蔽各类直线绝缘子。

执行标准

GB/T 12168　带电作业用遮蔽罩

相关标准技术性能要求

1. 遮蔽罩采用橡胶类和塑料类绝缘材料制成，按电气性能分为 0 级(380V)、1 级(3kV)、2 级(6～10kV)、3 级(20kV)、4 级(35kV) 五级。

2. 机械性能：受冲击力后其凹痕直径不大于 5mm，冲击处无裂痕、无明显损伤。

3. 电气性能：

电 气 性 能 要 求

额定电压/kV	工频耐压试验							
	交接试验			预防性试验			
	试验电压/kV	加压时间/min	试验要求	试验电压/kV	加压时间/min	试验要求	试验周期
10	—	3	无闪络、无击穿、无过热	30	1	无闪络、无击穿、无过热	6个月

参考图片及参数

企业名称	型号规格	产地	材质	外形尺寸/(mm×mm)	电气性能级别	适用电压等级/kV	最大适用电压/kV	型式试验报告
北京正泽商贸有限公司	UH	美国	橡胶	184×300	26.5kV	26.5	30	有
	LRG	美国	橡胶	305×400	35kV	35	40	有
	PTHL	美国	橡胶	172×400	35kV	35	40	有
	PTHS	美国	橡胶	184×300	35kV	35	40	有
	MRG	美国	橡胶	221×306	35kV	35	40	有
	OKRG	美国	橡胶	406×203	26.5kV	26.5	30	有
江苏恒安电力工具有限公司	HA–CPZBZ	中国	硬质	600×220	2级(10kV)	10	10	无
北京中诚立信电力技术有限公司	D–ZBZ–JYZ	中国	硬质	270×900	2kV	10	10	无
天津市华电电力器材股份有限公司	D–ZBZ–JYZ	中国	硬质	270×900	2级(10kV)	10	10	无
西安鑫烁电力科技有限公司	XS–JHZ	中国	硬质橡胶	270×900	2级(10kV)	10	10	无
咸亨国际科技股份有限公司	UH	美国	橡胶	184×300	20kV	10	17	无
	PTHL	美国	橡胶	172×400	20kV	10	17	无
	LRG	美国	橡胶	358×400	40kV	10/20/35	35	无

6　电杆遮蔽罩

适用电压等级　10～35kV

用途

用于配电线路带电作业时遮蔽电杆杆身。

执行标准

GB/T 12168　带电作业用遮蔽罩

相关标准技术性能要求

1. 遮蔽罩采用橡胶类和塑料类绝缘材料制成，按电气性能分为 0 级（380V）、1 级（3kV）、2 级（6～10kV）、3 级（20kV）、4 级（35kV）五级。

2. 机械性能：受冲击力后其凹痕直径不大于 5mm，冲击处无裂痕、无明显损伤。

3. 电气性能：

电 气 性 能 要 求

额定电压 /kV	工频耐压试验						
	交接试验			预防性试验			
	试验电压 /kV	加压时间 /min	试验要求	试验电压 /kV	加压时间 /min	试验要求	试验周期
10	—	3	无闪络、无击穿、无过热	30	1	无闪络、无击穿、无过热	6 个月

参考图片及参数

企业名称	型号规格	产地	材质	外形尺寸 /(mm×mm)	电气性能级别	适用电压等级 /kV	最大适用电压 /kV	安装位置	型式试验报告
北京正泽商贸有限公司	1385	美国	聚乙烯	228.6×310	35kV	35	40	电线杆	有
	1386	美国	聚乙烯	228.6×620	35kV	35	40	电线杆	有
	1356	美国	聚乙烯	228.6×900	35kV	35	40	电线杆	有
	1357	美国	聚乙烯	228.6×1200	35kV	35	40	电线杆	有
	2496	美国	聚乙烯	228.6×1800	35kV	35	40	电线杆	有
	2462	美国	聚乙烯	304.8×620	35kV	35	40	电线杆	有
	2464	美国	聚乙烯	304.8×1200	35kV	35	40	电线杆	有
	2466	美国	聚乙烯	304.8×1800	35kV	35	40	电线杆	有
广州同希机电工程有限公司	YS301－62－11	日本	硬质	35×3000	2级 (10kV)	10	17	—	无
	YS286－07－27	日本	硬质	35×3000	2级 (10kV)	10	17	—	无
天津市华电电力器材股份有限公司	HD－DZB－G	中国	环氧树脂	205×130	2级 (10kV)	10	10	杆顶用	无
西安鑫烁电力科技有限公司	XS－DGZ	中国	环氧树脂	205×130	2级 (10kV)	10	10	杆顶用	无
咸亨国际科技股份有限公司	1385	美国	高分子聚乙烯	229×300	40kV	10/20/35	35	电杆上部，横担附近	无
	1386	美国	高分子聚乙烯	229×610	40kV	10/20/35	35	电杆上部，横担附近	无
	1356	美国	高分子聚乙烯	229×920	40kV	10/20/35	35	电杆上部，横担附近	无
	1357	美国	高分子聚乙烯	229×1200	40kV	10/20/35	35	电杆上部，横担附近	无
	2496	美国	高分子聚乙烯	229×1800	40kV	10/20/35	35	电杆上部，横担附近	无

7 横担遮蔽罩

适用电压等级 10～35kV

用途

用于配电线路带电作业时遮蔽配电线路横担。

执行标准

GB/T 12168 带电作业用遮蔽罩

相关标准技术性能要求

1. 遮蔽罩采用绝缘材料制成，按电气性能分为 0 级（380V）、1 级（3kV）、2 级（6～10kV）、3 级（20kV）、4 级（35kV）五级。

2. 机械性能：受冲击力后其凹痕直径不大于 5mm，冲击处无裂痕、无明显损伤。

3. 电气性能：

电 气 性 能 要 求

额定电压 /kV	工频耐压试验						
	交接试验			预防性试验			
	试验电压 /kV	加压时间 /min	试验要求	试验电压 /kV	加压时间 /min	试验要求	试验周期
10	—	3	无闪络、无击穿、无过热	30	1	无闪络、无击穿、无过热	6 个月

参考图片及参数

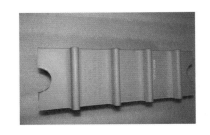

企业名称	型号规格	产地	材质	外形尺寸 /(mm×mm×mm)	电气性能级别	适用电压等级 /kV	最大适用电压 /kV	型式试验报告
北京正泽商贸有限公司	145	美国	橡胶	368×117×105	17kV	17	20	有
	1186	美国	橡胶	432×152×140	35kV	35	40	有
天津市华电电力器材股份有限公司	HD-DZB-NH	中国	硬质	—	2 级（10kV）	10	10	无
	HD-DZB-H	中国	硬质	—	2 级（10kV）	10	10	无
	HD-DZB-RHD	美国	软质	—	2 级（10kV）	10	10	无
西安鑫烁电力科技有限公司	XS-HHZ	中国	硬质	—	2 级（10kV）	10	10	无
咸亨国际科技股份有限公司	145	美国	橡胶	368×117×105	20kV	10	17	无
	1186	美国	橡胶	432×152×140	40kV	10/20/35	35	无

8　保险器上引线遮蔽罩

适用电压等级　　10kV

用途

用于配电线路带电作业时遮蔽保险器上引线。

执行标准

GB/T 12168　带电作业用遮蔽罩

相关标准技术性能要求

1. 遮蔽罩采用绝缘材料制成，按电气性能分为 0 级（380V）、1 级（3kV）、2 级（6～10kV）、3 级（20kV）、4 级（35kV）五级。

2. 机械性能：受冲击力后其凹痕直径不大于 5mm，冲击处无裂痕、无明显损伤。

3. 电气性能：

电 气 性 能 要 求

额定电压 /kV	工频耐压试验							
	交接试验			预防性试验			
	试验电压 /kV	加压时间 /min	试验要求	试验电压 /kV	加压时间 /min	试验要求	试验周期
10	—	3	无闪络、无击穿、无过热	30	1	无闪络、无击穿、无过热	6 个月

参考图片及参数

企业名称	型号规格	材质	尺寸 /(mm×mm)	型式试验报告
北京中诚立信电力技术有限公司	HD-DZB-L	环氧树脂	250×521	无
天津市华电电力器材股份有限公司	HD-DZB-L	环氧树脂	250×521	无
西安鑫烁电力科技有限公司	XS-SHZ	环氧树脂	300×600	无
咸亨国际科技股份有限公司	PSC4060674	橡胶	35×800	无

9　导线端头遮蔽罩

适用电压等级　10kV

用途

用于配电线路带电作业时遮蔽导线端头。

执行标准

GB/T 12168　带电作业用遮蔽罩

相关标准技术性能要求

1. 遮蔽罩采用绝缘材料制成，按电气性能分为 0 级（380V）、1 级（3kV）、2 级（6～10kV）、3 级（20kV）、4 级（35kV）五级。
2. 机械性能：受冲击力后其凹痕直径不大于 5mm，冲击处无裂痕、无明显损伤。
3. 电气性能：

电 气 性 能 要 求

额定电压 /kV	工频耐压试验							
	交接试验			预防性试验			
	试验电压 /kV	加压时间 /min	试验要求	试验电压 /kV	加压时间 /min	试验要求	试验周期
10	—	3	无闪络、无击穿、无过热	30	1	无闪络、无击穿、无过热	6 个月

参考图片及参数

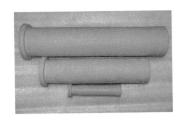

企业名称	型号规格	材质	尺寸/(mm×mm)	型式试验报告
北京正泽商贸有限公司	173	橡胶	21×152	有
	177	橡胶	57×305	有
	178	橡胶	81×406	有
北京中诚立信电力技术有限公司	HD－DZB－M	PC	40×270	无
天津市华电电力器材股份有限公司	HD－DZB－M	PC	40×270	无
西安鑫烁电力科技有限公司	XS－DDZ	聚丙乙烯	35×254	无
咸亨国际科技股份有限公司	177	橡胶	35×254	无

10　绝缘隔（挡）板

适用电压等级　　10kV

用途

用于配电线路带电作业时对接地体或带电体进行绝缘隔离。

执行标准

GB/T 12168　带电作业用遮蔽罩

相关标准技术性能要求

1. 绝缘隔（挡）板采用优质环氧树脂或工程塑料等绝缘材料制作，包括硬板和软板。
2. 机械性能：受冲击力后其凹痕直径不大于5mm，冲击处无裂痕、无明显损伤。
3. 电气性能：

电 气 性 能 要 求

额定电压/kV	工频耐压试验						
	交接试验			预防性试验			
	试验电压/kV	加压时间/min	试验要求	试验电压/kV	加压时间/min	试验要求	试验周期
10	—	3	无闪络、无击穿、无过热	30	1	无闪络、无击穿、无过热	6个月

参考图片及参数

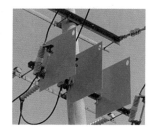

企业名称	型号规格	产地	材质	尺寸（长宽）/(mm×mm)	电气性能级别	最大使用电压/kV	特殊用途	型式试验报告
江苏恒安电力工具有限公司	HA－JYDB	中国	硬质	600×800	2级（10kV）	10	隔离开关	无
北京中诚立信电力技术有限公司	HD－JYGB－GL	中国	环氧树脂	600×800	2级	10	隔离开关	无
天津市华电电力器材股份有限公司	HD－JYGB－GL	中国	环氧树脂	600×800	2级（10kV）	10	隔离开关	无
西安鑫烁电力科技有限公司	XS－JYGB	中国	环氧树脂	600×800	2级（10kV）	10	隔离开关	无

11　绝缘毯夹

适用电压等级　　通用

用途

用于配电线路带电作业时固定绝缘毯。

执行标准

ASTM　美国材料与试验协会标准

相关标准技术性能要求

绝缘毯夹由绝缘材料制成，夹紧力适当，便于单手操作。

参考图片及参数

企业名称	型号规格	产地	材质	尺寸	特殊用途	型式试验报告
江苏恒安电力工具有限公司	HA－JYTJ	中国	塑料	S/M/L	用于绝缘毯夹持	无
陕西华安电力科技有限公司	UBCP－001	美国	复合材料	40.64cm	适用于固定电杆绝缘毯	无
	UBCP－002			58.42cm		
广州同希机电工程有限公司	YS211－01－01	日本	PE	M	—	无
	YS211－02－01	日本	PE	S	—	无
	YS211－03－05	日本	PE	L	—	无

续表

企业名称	型号规格	产地	材质	尺寸	特殊用途	型式试验报告
北京中诚立信电力技术有限公司	YS211－03－5	日本	PE	L	—	无
天津市华电电力器材股份有限公司	HD－JYTJ	中国	硬质塑料	S/M/L	毯夹	无
西安鑫烁电力科技有限公司	XS－JYTJ	中国	硬质塑料	S/M/L	毯夹	无

12　绑扎带

适用电压等级　通用

用途

用于配电线路带电作业时绑扎固定绝缘毯。

执行标准

GB/T 18857　配电线路带电作业技术导则

相关标准技术性能要求

1. 采用尼龙粘扣，无金属，无毛刺。
2. 机械性能：抗机械刺穿力不低于 15N。

参考图片及参数

 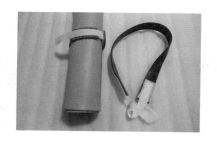

企业名称	型号规格	产地	材质	尺寸/(mm×mm)	特殊用途	型式试验报告
北京中诚立信电力技术有限公司	HD－DZB－BZD	中国	软质	365×50/762×50	自粘式	无
北京正泽商贸有限公司	TY14	美国	橡胶＋尼龙	—	—	无
	TY30	美国	橡胶＋尼龙	—	—	无
西安鑫烁电力科技有限公司	XS－BZD－01	中国	软质	365×50	自粘式	无
	XS－BZD－02	中国	软质	762×50	自粘式	无

八

旁路作业设备及防护设施

1 旁路开关

适用电压等级　　10kV

用途

用于配电线路旁路作业中负荷电流的切换。

执行标准

GB 3804	高压交流负荷开关
GB/T 11022	高压开关设备和控制设备标准的共用技术要求
DL 409	带电作业安全工作规程
DL/T 593	高压开关设备和控制设备标准的共用技术要求
Q/GDW 249	10kV旁路作业设备技术条件

相关标准技术性能要求

1. 旁路开关属于可移动的三相开关，具有分闸、合闸两种状态，用于旁路作业中负荷电流的切换。

2. 机械性能：与旁路柔性电缆连接方便、可靠；开关具有清楚、明显的分合指示标志，无论采用何种方式合闸，合闸以后必须闭锁，严禁出现在不经操作和不加任何措施的情况下出现分闸的可能；机械寿命3000次；防护等级IP68。

3. 电气性能：

电 气 性 能 要 求

额定电压/kV	12	开关器开断时间/ms	20
额定电流/A	400	关合短路电流能力（峰值）/kA	40
额定频率/Hz	50		
额定断开负荷电流/A	400	额定断开充电电流/A	20
额定开断负荷电流的次数/次	20	额定断开负荷电流的次数/次	20

续表

工频耐受电压 /kV	对地	42	冲击耐受电压 /kV	对地	75
	相间	42		相间	75
	同相断口之间	48		同相断口之间	85
电动力稳定水平		40kV（峰值）、 200ms	热稳定短路耐受程度		16kV、3s
三相分断的差异（不同期性能）		＜5ms	开关导通的接触电阻/μΩ		＜200

注： 旁路负荷开关具备验电功能的端子，验电端子电压不大于 800V，验电器必须具有明显的同相与异相的指示信号、音响警报信号等提示信号。

参考图片及参数

企业名称	型号规格	额定 电压 /kV	额定 电流 /A	工频耐受 电压 /kV	冲击耐受 电压 /kV	开关 灭弧 介质	开断额定 负荷电流 次数/次	机械 寿命 /次	型式 试验 报告
珠海许继电气 有限公司	BFK1－12/ T200－16	12	200	42/48	75/85	真空	≥100	10000	有
陕西华安电力 科技有限公司	USBS－15－1－PS	15	300	15	45	空气	≥10000		无
	USBS－15－2－PS	15	300						
	USBS－27－1－PS	27	300						
	USBS－27－2－PS	27	300						
	USBS－600－1	27	600						
	USBS－46－1－PS	46	200						
	USBS－46－2－PS	46	200						
武汉华仪智能 设备有限公司	HP－FLW31－12/ 200－16	12	200	42	75	SF$_6$	300	3000	无
	HP－FLW31－12/ 300－16	12	300	42	75	SF$_6$	300	3000	无
	HP－FLW31－12/ 400－16	12	400	42	75	SF$_6$	300	3000	无

企业名称	型号规格	额定电压/kV	额定电流/A	工频耐受电压/kV	冲击耐受电压/kV	开关灭弧介质	开断额定负荷电流次数/次	机械寿命/次	型式试验报告
武汉乐电电力有限公司	PL1706-200A	22.9	200	对地42，相间42，同相端口间48	对地75，相间75，同相端口间85	SF$_6$	＞30	＞3000	无
	PL1706-400A	22.9	400	对地42，相间42，同相端口间48	对地75，相间75，同相端口间85	SF$_6$	＞30	＞3000	无

2　旁路柔性电缆

适用电压等级　　10kV

用途

配合旁路开关使用，用于10kV架空或电缆线路旁路作业。

执行标准

GB 2900.10　　　电工术语电缆
GB 12706.4　　　电力电缆附件试验要求
Q/GDW 249　　　10kV旁路作业设备技术条件
Q/GDW 1799.2　　国家电网公司电力安全工作规程线路部分

相关标准技术性能要求

1. 旁路柔性电缆由多股软铜线构成，是能重复使用的可弯曲的交流电力电缆。电缆两端均带有快速插拔式电缆终端头，方便快速连接；整条电缆一般不超过50m，每条电缆终端处应有黄、绿、红明显色标；旁路柔性电缆要求比一般同类型电力电缆具有更好的柔软性、可以重复多次敷设、回收使用，在弯曲半径为8倍电缆外径下重复进行弯曲试验1000次以上，其电气性能和机械性能均保持完好无损。旁路柔性电缆的绝缘为耐热交联聚乙烯或橡胶绝缘体，其正常允许温度不小于100℃，短路时旁路柔性电缆的允许温度不小于250℃。

2. 电气性能：

电气性能基本参数

额定电压/kV	8.7/15	直流耐压/kV	55/15min
额定频率/Hz	50	雷电冲击耐压/kV	±95（各10次）
电缆导体截面积/mm²	35或50	局部放电量（1.73U_0）	≤10pC
工频耐压/kV	45/1min		

注：1. 绝缘水平包括耐压与局部放电需与中间接头以及T型接头组装实施。
　　2. U_0为芯线与金属护层或"地"之间的设计额定电压，单位为kV。

电缆热稳定电流水平

时间/s	0.5	1.0	2.0	3.0
允许短路电流有效值/A	10030	7090	5010	4090

注：电缆电动力水平指的是，按照组装以后的条件在短路电流的作用下不使机械部分的构件损坏与变形，电动力的考核水平达到短路电流的峰值为 40kA、200ms。

参考图片及参数

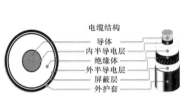

电缆结构
导体
内半导电层
绝缘体
外半导电层
屏蔽层
外护套

企业名称	型号规格	额定电压/kV	额定电流/A	导线截面积/mm²	工频耐受电压/(kV·min⁻¹)	冲击耐受电压/kV	局部放电/pC	机械寿命/次	20℃时，导体最大直流电阻/(Ω·km⁻¹)	型式试验报告
珠海许继电气有限公司	ERF-8.7/15	12	200	50	45	95	AC 12kV，≤10	≥1000	0.393	有
武汉华仪智能设备有限公司	ERF8.7/15-1×50	8.7/15	200	50	42	95	<10	1000	1.24	无
	ERF8.7/15-1×120	8.7/15	300	120	42	95	<10	1000	0.164	无
	ERF8.7/15-1×185	8.7/15	400	185	42	95	<10	1000	0.108	无
武汉乐电电力有限公司	EPR-12/20kV 1×50mm²	12/20	200	50	55	±125（各10次）	AC 24kV，<3	>2000	0.384	无
	EPR-12/20kV 1×150mm²	12/20	400	150	55	±125（各10次）	AC 24kV，<3	>2000	0.384	无

3　旁路转接电缆

适用电压等级　10kV

用途

用于将旁路作业设备与 10kV 架空或电缆线路连接，实施旁路作业。

GB 2900.10　电工术语电缆

GB 12706.4　电力电缆附件试验要求

Q/GDW 249　10kV 旁路作业设备技术条件

相关标准技术性能要求

1. 旁路转接电缆由多股软铜线构成，是能重复使用的可弯曲的交流电力电缆。电缆一端带有快速插拔式电缆终端头，以便于与旁路开关或电缆连接器等连接，另一端带有与外部设备（导线、电缆环网柜等终端）连接的电缆终端（线夹、肘形头），方便快速连接；整条电缆一般不超过 10m，每条电缆终端处应有黄、绿、红明显色标；旁路柔性电缆要求比一般同类型电力电缆具有更好的柔软性、可以重复多次敷设、回收使用，在弯曲半径为 8 倍电缆外径下重复进行弯曲试验 1000 次以上，其电气性能和机械性能均保持完好无损。旁路转接电缆的绝缘为耐热交联聚乙烯或橡胶绝缘体，其正常允许温度不小于 100℃，短路时旁路柔性电缆的允许温度不小于 250℃。

2. 电气性能：

电 气 性 能 要 求

额定电压/kV	8.7/15	直流耐压	55 kV/15min
额定频率/Hz	50	雷电冲击耐压/kV	±95（各 10 次）
电缆导体截面积/mm²	35 或 50	局部放电量（1.73U_0）	≤10pC
工频耐压	45kV/1min		

参考图片及参数

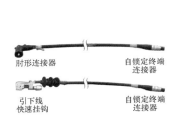

肘形连接器　　自锁定终端连接器

引下线快速挂钩　　自锁定终端连接器

企业名称	型号规格	额定电压/kV	额定电流/A	导线截面积/mm²	工频耐受电压/(kV·min⁻¹)	冲击耐受电压/kV	局部放电/pC	机械寿命/次	20℃时，导体最大直流电阻/(Ω·km⁻¹)	型式试验报告
珠海许继电气有限公司	ERF-8.7/15	12	200	50	45	95	AC12kV，≤10	≥1000	0.393	有

续表

企业名称	型号规格	额定电压/kV	额定电流/A	导线截面积/mm²	工频耐受电压/(kV·min⁻¹)	冲击耐受电压/kV	局部放电/pC	机械寿命/次	20℃时，导体最大直流电阻/(Ω·km⁻¹)	型式试验报告
武汉华仪智能设备有限公司	ERF8.7/15－1×50（20）/HP－ZRK10－50/HP－TT10－50	8.7/15	200	50	42	95	<10	1000	1.24	无
	ERF8.7/15－1×120（20）/HP－ZRK10－120/HP－TT10－120	8.7/15	300	120	42	95	<10	1000	0.164	无
	ERF8.7/15－1×185（20）/HP－ZRK10－185/HP－TT10－185	8.7/15	400	185	42	95	<10	1000	0.108	无
武汉乐电电力有限公司	EPR－12/20kV 1×50mm²	12/20	200	50	55	±125（各10次）	AC24kV，<3	>2000	0.384	无
	EPR－12/20kV 1×150mm²	12/20	400	150	55	±125（各10次）	AC24kV，<3	>2000	0.384	无

4　旁路连接器

适用电压等级　　10kV

用途

用于配电线路旁路作业中旁路柔性电缆间的连接。

执行标准

GB 11033.1　额定电压 26～35kV 及以下电力电缆附件基本技术要求

GB 11033.2　额定电压 26～35kV 及以下电力电缆附件基本技术要求——电缆终端头

GB/T 12706.4　额定电压电力电缆附件的试验要求

Q/GDW 249　10kV 旁路作业设备技术条件

相关标准技术性能要求

1. 旁路连接器是旁路作业中用于连接和接续旁路柔性电缆的设备，分为对接连接器、

T型连接器和终端连接器，与旁路柔性电缆连接时要求对接方便，对接后有牢固、可靠的闭锁装置；分离时，在解除闭锁装置后，可方便地由对接状态改变到分离状态。旁路连接器在分离的状态应有保护的盒、盖作为防护；在200A的额定电流下温升不大于55K；机械寿命大于1000次循环（对接与分离为一个循环）；旁路连接器必须与旁路柔性电缆或旁路负荷开关装置套管配合；旁路连接器内部导体应为铜材料，其金属外壳应耐腐蚀、高强度、且做防滑处理；T型连接器应具备绝缘的台架，便于组装与固定在电杆上；额定电流载流量200A。

2. 电气性能：

电 气 性 能 要 求

额定电压/kV	8.7/15	直流耐压/kV	55kV/15min
额定电流/A	200	雷电冲击耐压/kV	±95kV（各10次）
绝缘强度水平（与电缆组装实施）	35 或 50	局部放电量（$1.73U_0$）	≤10pC
工频耐压	45kV/1min （端部接头进入水中 0.5m2h）	电动力稳定水平	峰值短路电流 40kA/200ms

注：1. 热稳定水平同旁路柔性电缆。

　　2. 在接触的状态下，各个接头接触电阻的数值之间的误差不大于20％。

参考图片及参数

企业名称	型号规格	连接头型式	额定电压/kV	额定电流/A	工频耐受电压/(kV·min⁻¹)	冲击耐受电压/kV	局部放电/pC	温升/K	机械寿命/次	型式试验报告
珠海许继电气有限公司	LI－12/200 LT－12/200	直通连接器 T型连接器	12	200	45	95	AC12kV， ≤10	≤55	≥1000	有

续表

企业名称	型号规格	连接头型式	额定电压/kV	额定电流/A	工频耐受电压/(kV·min⁻¹)	冲击耐受电压/kV	局部放电/pC	温升/K	机械寿命/次	型式试验报告
武汉华仪智能设备有限公司	HP-JRK10-50	中间接头	8.7/15	200	42	95	<10	<55	3000	无
	HP-ZRK10-50	终端	8.7/15	200	42	95	<10	<55	3000	无
	HP-JRK10-120	中间接头	8.7/15	300	42	95	<10	<55	3000	无
	HP-ZRK10-120	终端	8.7/15	300	42	95	<10	<55	3000	无
	HP-JRK10-185	中间接头	8.7/15	400	42	95	<10	<55	3000	无
	HP-ZRK10-185	终端	8.7/15	400	42	95	<10	<55	3000	无
武汉乐电电力有限公司	PLZJ-200	旁路直线连接器	12/20	200	55	±125（各10次）	AC24kV,<5	200A电流下,≤55	>1000	无
	PLTJ-200	旁路T型连接器	12/20	200	55	±125（各10次）	AC24kV,<5	200A电流下,≤55	>1000	无
	PLZJ-400	旁路直线连接器	12/20	400	55	±125（各10次）	AC24kV,<5	400A电流下,≤55	>1000	无
	PLTJ-400	旁路T型连接器	12/20	400	55	±125（各10次）	AC24kV,<5	400A电流下,≤55	>1000	无

5 电缆绝缘护管

适用电压等级　　10kV

用途

　　将地面敷设的旁路电缆置于绝缘护管中，作为高压旁路电缆运行中的绝缘防护，并防止外力损坏地面敷设的旁路电缆。

执行标准

　　Q/GDW 1799.2　国家电网公司电力安全工作规程　线路部分

　　QB/T 2479　埋地式高压电力电缆用氯化聚氯乙烯（PVC-C）套管

相关标准技术性能要求

　　1. 电缆绝缘护管采用CPVC或玻璃钢等绝缘材料模具制作，每根护管由底座和上盖两部分构成，具有可开合的结构设计，护管打开时便于旁路电缆的敷设，护管闭合时便于对旁路电缆进行绝缘防护。现场组装、拆卸简便快捷，便于运输和存储。护管长度可根据需要订制。

2. 电缆绝缘护管要求具有足够的机械强度和电绝缘性能（20kV/3min），耐腐蚀，使用寿命不低于 20 年。重量轻，且便于安装，外壁设有黄黑色警示标志。

3. 电气性能：

电 气 性 能 要 求

额定电压/kV	试验长度/m	工频耐压试验				泄漏电流试验		
		型式试验		预防性试验（出厂试验）		型式试验		
		试验电压/kV	耐压时间/min	试验电压/kV	耐压时间/min	试验电压/kV	加压时间/min	泄漏电流/mA
10	0.4	100	1	45	1	8	15	<0.5

参考图片及参数

企业名称	型号规格	材质	工频耐受电压/(kV·min⁻¹)	结构型式	额定荷载/kg	型式试验报告
北京中诚立信电力技术有限公司	HD-PLZY-HG	CPVC	30	上下结构，扣压锁定	100	无
天津市华电电力器材股份有限公司	HD-PLZY-HG	CPVC	30	上下结构，扣压锁定	100	无

6　护管接头绝缘罩

适用电压等级　10kV

用途

用于地面敷设的旁路电缆绝缘护管对接处，对两绝缘护管的接口进行绝缘防护。

执行标准

GB/T 18037　带电作业工具基本技术要求与设计导则

QB/T 2479　高压电力管执行标准

相关标准技术性能要求

护管接头绝缘罩采用环氧树脂等绝缘材料模具制作，要求具有足够的机械强度和电绝缘性能（20kV/3min），装拆简便，外壁设有黄黑色警示标志。

参考图片及参数

企业名称	型号规格	工频耐受电压 /(kV·min⁻¹)	结构型式	额定荷载 /kg	外形尺寸 /(mm×mm×mm)	型式试验报告
北京中诚立信电力技术有限公司	HD－PLZY－JT	30	U 型	100	400×200×150	无
天津市华电电力器材股份有限公司	HD－PLZY－JT	30	U 型	100	400×200×150	无

7　电缆对接头保护箱

适用电压等级　10kV

用途

旁路作业施工时，用于对三相电缆对接头提供绝缘防护。

执行标准

GB 5075　电力金具名词术语

DL/T 878　带电作业用绝缘工具试验导则

Q/GDW 249　10kV 旁路作业设备技术条件

相关标准技术性能要求

1. 电缆对接头保护箱采用环氧树脂等绝缘材料模具制作，具有可开、合的结构设计，打开时便于旁路电缆对接头的置入，闭合时便于对旁路电缆进行绝缘防护。要求可同时容纳 3 只铠装直线连接头，现场组装、拆卸简便快捷，便于运输和存储。具有足够的机械强度和电绝缘性能（20kV/3min），装拆简便，外壁设有黄黑色警示标志。

2. 电气性能：

电 气 性 能 要 求

| 额定电压 /kV | 试验长度 /m | 工频耐压试验 | | | | 泄漏电流试验 | | |
| | | 型式试验 | | 预防性试验（出厂试验） | | 型式试验 | | |
		试验电压 /kV	耐压时间 /min	试验电压 /kV	耐压时间 /min	试验电压 /kV	加压时间 /min	泄漏电流 /mA
10	0.4	100	1	45	1	8	15	<0.5

参考图片及参数

企业名称	型号规格	材质	工频耐受电压 /(kV·min⁻¹)	结构型式	额定荷载 /kg	外形尺寸 /(mm×mm×mm)	型式试验报告
北京中诚立信电力技术有限公司	HD–PLZY–JTBH	环氧树脂	30	快速插接	100	1000×355×165	无
天津市华电电力器材股份有限公司	HD–PLZY–JTBH	环氧树脂	30	快速插接	100	1000×355×165	无
武汉华仪智能设备有限公司	HP–JBHX	不锈钢	—	长方体	120	320×210×110	无
武汉乐电电力有限公司	PLZJ–200B	钢材	—	合页盖型	—	410×340×160	无

8 电缆 T 接头保护箱

适用电压等级　10kV

用途

旁路作业施工时，用于对三相电缆 T 型接头提供绝缘防护。

执行标准

GB 5075　电力金具名词术语

DL/T 878　带电作业用绝缘工具试验导则

Q/GDW 249　10kV 旁路作业设备技术条件

相关标准技术性能要求

1. 电缆 T 接头保护箱采用环氧树脂等绝缘材料模具制作，具有可开合的结构设计，打开时便于旁路电缆 T 接头的置入，闭合时便于对旁路电缆进行绝缘防护；要求可同时容纳 3 只铠装 T 接头，现场组装、拆卸简便快捷，便于运输和存储；具有足够的机械强度和电绝缘性能（20kV/3min），装拆简便，外壁设有黄黑色警示标志。

2. 电气性能：

电 气 性 能 要 求

额定电压 /kV	试验长度 /m	工频耐压试验				泄漏电流试验		
		型式试验		预防性试验（出厂试验）		型式试验		
		试验电压 /kV	耐压时间 /min	试验电压 /kV	耐压时间 /min	试验电压 /kV	加压时间 /min	泄漏电流 /mA
10	0.4	100	1	45	1	8	15	<0.5

参考图片及参数

企业名称	型号规格	工频耐受电压 /(kV·min⁻¹)	结构型式	额定荷载 /kg	外形尺寸 /(mm×mm ×mm)	型式试验报告
北京中诚立信电力技术有限公司	HD-PLZY-FZBH	30	凸型	100	1425×355×620	无
天津市华电电力器材股份有限公司	HD-PLZY-FZBH	30	凸型	100	1425×355×620	无
武汉华仪智能设备有限公司	HP-TBHX	—	T 型	120	320×210×320	无
武汉乐电电力有限公司	PLTJ-200B	—	合页盖型		410×340×270	无

9 电缆终端保护箱

适用电压等级 10kV

用途

用于地面敷设的三相旁路电缆各终端，对高压旁路电缆进行绝缘防护，并防止外力损坏旁路电缆。

执行标准

DL/T 401 高压电缆选用导则

DL/T 878 带电作业用绝缘工具试验导则

相关标准技术性能要求

1. 电缆终端保护箱采用环氧树脂等绝缘材料模具制作，具有可开、合的结构设计，打开时便于旁路电缆的置入，闭合时便于对旁路电缆进行绝缘防护。要求现场组装、拆卸简便快捷，便于运输和存储。具有足够的机械强度和电绝缘性能（20kV/3min），装拆简便，外壁设有黄黑色警示标志。

2. 电气性能：

电 气 性 能 要 求

额定电压 /kV	试验长度 /m	工频耐压试验				泄漏电流试验		
		型式试验		预防性试验（出厂试验）		型式试验		
		试验电压 /kV	耐压时间 /min	试验电压 /kV	耐压时间 /min	试验电压 /kV	加压时间 /min	泄漏电流 /mA
10	0.4	100	1	45	1	8	15	<0.5

参考图片及参数

企业名称	型号规格	工频耐受电压 /(kV·min⁻¹)	结构型式	额定荷载 /kg	外形尺寸 /(mm×mm×mm)	型式试验报告
北京中诚立信电力技术有限公司	HD-PLZY-CXBH	30	L型	100	620×355×620	
天津市华电电力器材股份有限公司	HD-PLZY-CXBH	30	L型	100	620×355×620	无
武汉华仪智能设备有限公司	HP-ZBHX	—	长方体	120	420×210×110	

10 旁路电缆架空绝缘支架

适用电压等级 通用

用途

用于配电线路旁路作业，旁路电缆地面敷设遇交通路口时，将高压旁路电缆架空敷设，防止旁路电缆与车辆、行人接触。

执行标准

GB 15632 带电作业用提线工具通用技术条件

GB/T 18037 带电作业工具基本技术要求与设计导则

DL/T 878 带电作业用绝缘工具试验导则

Q/GDW 249 10kV旁路作业设备技术条件

相关标准技术性能要求

1. 旁路电缆架空绝缘支架绝缘部分采用环氧树脂等绝缘材料制作，用于支撑架空敷设的旁路电缆，避免旁路作业旁路电缆地面敷设遇有交通路口时被车辆碾压；要求具有足够的机械强度和绝缘性能，模块化设计便于运输、存储和现场快速组装、拆卸。旁路电缆过路支架组装后应使用数根绝缘保险绳加固，确保稳定。

2. 旁路电缆架空敷设时，电缆距地面的高度不得低于5m，两套支架跨路最大间距不小于20m，超过20m时，可增加一套支架；绝缘支架承重不小于90kg；工频耐受压0.4m/45kV/1min。

3. 电气性能：

电 气 性 能 要 求

额定电压 /kV	试验长度 /m	工频耐压试验				泄漏电流试验		
		型式试验		预防性试验（出厂试验）		型式试验		
		试验电压 /kV	耐压时间 /min	试验电压 /kV	耐压时间 /min	试验电压 /kV	加压时间 /min	泄漏电流 /mA
10	0.4	100	1	45	1	8	15	<0.5

参考图片及参数

企业名称	型号规格	材质	工频耐受电压 /(kV·min^{-1})	支架最大工作间距 /m	支架高度 /m	型式试验报告
北京中诚立信电力技术有限公司	HD‑PLZY‑ZJ	环氧树脂	0.4m/100	20	3.6	无
天津市华电电力器材股份有限公司	HD‑PLZY‑ZJ	环氧树脂	0.4m/100	20	3，6	无
武汉华仪智能设备有限公司	HT‑HDJY10	环氧树脂	42	0.4	1.6	无

11 旁路电缆输送滑轮

适用电压等级 通用

用途

配电线路旁路作业旁路电缆架空敷设时，用于支撑及引导旁路电缆。

执行标准

Q/GDW 249 10kV 旁路作业设备技术条件

相关标准技术性能要求

旁路电缆输送滑轮采用轻质的铝合金等材料制作，用于旁路电缆架空敷设时支撑及引导旁路电缆用，避免旁路电缆承受拉力，要求具有足够的机械强度和翻越障碍的能力。

参考图片及参数

企业名称	型号规格	承载牵引力/N	承受拉力/N	材质	型式试验报告
武汉乐电电力有限公司	PLHL－201	3000	1000	不锈钢、碳钢、杜拉铝聚甲醛、ABS 树脂	无

12 输送滑轮连接绳

适用电压等级 通用

用途

配电线路旁路作业旁路电缆架空敷设时，用于两输送滑轮环之间的承力连接。

执行标准

GB/T 2314 电力金具通用技术条件

相关标准技术性能要求

输送滑轮连接绳应具有足够的抗拉强度，可多次循环使用，承载拉力不小于 1000N。

参考图片及参数

企业名称	型号规格	承受拉力/N	主要材质	连接型式	型式试验报告
武汉乐电电力有限公司	PLLJS-203	2000	维纶	两端带连接钩	无

13　电缆牵引工具（牵头用）

适用电压等级　通用

用途

　　旁路电缆起始端的牵引组合固定工具，用于绑紧电缆头、牵引电缆，可有效避免直接牵引电缆连接头造成的对电缆头的伤害。

执行标准

　　GB/T 2314　电力金具通用技术条件

　　Q/GDW　249　10kV旁路作业设备技术条件

相关标准技术性能要求

　　电缆牵引工具应具有足够的抗拉强度，承载牵引力不小于3000N。

参考图片及参数

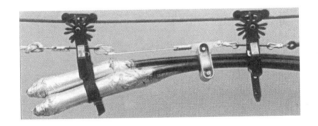

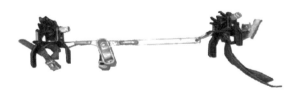

企业名称	型号规格	最大拉紧范围/mm	张力容量/N	承载牵引力/N	型式试验报告
武汉乐电电力有限公司	PLQY-204	370～720	2000	3000	无

14　电缆牵引工具（中间用）

　通用

用途

旁路电缆中间接头处组合固定工具，防止中间接头因受拉力过大而损坏，可有效保护旁路电缆免受拉力。

执行标准

Q/GDW 249　10kV 旁路作业设备技术条件

Q/GDW 1799.2　电力安全工作规程　线路部分

相关标准技术性能要求

电缆牵引工具应具有足够的抗拉强度，承载牵引力不小于 3000N。

参考图片及参数

企业名称	型号规格	最大拉紧范围/mm	张力容量/N	承载牵引力/N	型式试验报告
武汉乐电电力有限公司	PLQY-205	800～2000	10～1000	3000	无

15　电缆送出轮

适用电压等级　通用

用途

电缆线盘前的滑轮，支撑电缆不与地面发生摩擦接触，同时减少牵引力。

执行标准

GB/T 2314　电力金具通用技术条件

Q/GDW 249　10kV 旁路作业设备技术条件

1. 电缆送出轮滚轮采用 ABS 树脂等材料制作，侧面及顶部均设计有滚轮，可同时通过 3 根旁路柔性电缆。

2. 承受拉力：不小于 1000N。

参考图片及参数

企业名称	型号规格	张力容量 /N	承载牵引力 /N	滚轮材质	型式试验报告
武汉乐电电力有限公司	PLSCL - 206	3000	1000	ABS 树脂	无

16 电缆导入轮

适用电压等级 通用

用途

电缆导入时的固定工具，用于第一根电杆。电缆支撑移动滑车在杆上经过此固定支架向前滑动，引导电缆。带有杆上固定器，方便与电杆固定连接。

执行标准

GB/T 2314 电力金具通用技术条件

Q/GDW 249 10kV 旁路作业设备技术条件

相关标准技术性能要求

1. 滚轮采用塑胶材料制作，防止刮伤电缆。

2. 需配有不锈钢固定器。

3. 设计有引导坡，方便电缆导入。

4. 承受拉力：不小于 1000N。

参考图片及参数

企业名称	型号规格	张力容量 /N	承载牵引力 /N	滚轮材质	型式试验 报告
武汉乐电电力有限公司	PLDRL－207	3000	1000	ABS树脂	无

17 导线轮杆上固定器

适用电压等级 通用

用途

用于在电杆上固定电缆导入轮。

执行标准

Q/GDW 249 10kV 旁路作业设备技术条件

相关标准技术性能要求

导线轮杆上固定器采用金属材料制作，具有柱上快装功能，用于在电杆上固定电缆导入轮。

参考图片及参数

企业名称	型号规格	型式试验报告
武汉乐电电力有限公司	PLGDQ－209	无

18　输送绳

适用电压等级　　通用

用途

旁路电缆架空敷设时，供旁路电缆输送滑轮悬吊。

执行标准

GB/T 18037　带电作业工具基本技术要求与设计导则

Q/GDW 249　10kV 旁路作业设备技术条件

相关标准技术性能要求

输送绳采用涤纶等材料制作，两端设有绳与绳之间可靠、快速连接的连接器，便于旁路电缆输送滑轮跨越。1m、2m、7m 的输送绳为架设在旁路电缆导入轮与地面固定点之间的连接绳，还可以调节因电杆挡距不标准时输送绳的长度。50m、100m 输送绳为架设在直线杆之间的旁路电缆支撑承力绳。输送绳承载牵引力不小于 3kN。

参考图片及参数

企业名称	型号规格	直径/mm	承载牵引力/kN	长度/(m·根⁻¹)	型式试验报告
武汉乐电电力有限公司	PLSL100	12	30	100	无
	PLSL50	12	30	50	无
	PLSL7	12	30	7	无
	PLSL2	12	30	2	无
	PLSL1	12	30	1	无

19　MR 连接器

适用电压等级　　通用

用途

旁路电缆架空敷设时，用于输送绳的快速、可靠连接。

执行标准

GB/T 2314　　电力金具通用技术条件

Q/GDW 249　　10kV 旁路作业设备技术条件

相关标准技术性能要求

MR 连接器采用金属材料制作，并采用螺纹连接方式完成输送绳的快速、可靠连接。有 A、B 两种型式，一种两头带螺纹（A 型），一种一头带螺纹（B 型）。带有旋转连接功能的输送绳连接工具。承载拉力不小于 10kN。

参考图片及参数

企业名称	型号规格	直径	承载牵引力 /kN	长度	型式试验报告
武汉乐电电力有限公司	PLLJQ - 301A	—	30	—	无
	PLLJQ - 301B	—	30	—	无

20　固定工具

适用电压等级　　通用

用途

旁路电缆架空敷设时，用于连接承力绳与地面固定装置。

执行标准

GB/T 2314　　电力金具通用技术条件

相关标准技术性能要求

固定工具采用金属材料制作，用于引入移动滑轮。使用时一端与地面固定装置连接，另一端与承力绳连接。固定工具具有单向行进装置，方便滑轮引入。承重力不小于10kN。

参考图片及参数

企业名称	型号规格	承重力/kN	型式试验报告
武汉乐电电力有限公司	PLGD-304	10	无

21 中间支持工具

适用电压等级　　通用

用途

固定在直线电杆上，用于旁路电缆架空敷设时中间部位的支撑，便于旁路电缆顺利通过。

执行标准

GB/T 2314　电力金具通用技术条件
Q/GDW 249　10kV旁路作业设备技术条件

相关标准技术性能要求

中间支持工具采用金属材料制作，具有柱上快装功能。用于旁路电缆架空敷设时中间部位的支撑。承载重量不小于2000N。

参考图片及参数

 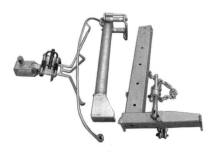

企业名称	型号规格	材质	承载重力/N	安装距离/m	型式试验报告
武汉乐电电力有限公司	PLZJ－305	钢材	4000	20～60	无

22 紧线工具

适用电压等级　　通用

用途

旁路电缆架空敷设时，用于固定和拉紧电缆支撑绳，便于输送绳的张力收线。

执行标准

GB/T 2314　电力金具通用技术条件

Q/GDW 249　10kV旁路作业设备技术条件

相关标准技术性能要求

紧线工具采用金属材料制作，设有棘轮收紧装置，具有柱上快装功能。拉紧力不小于10kN。

参考图片及参数

企业名称	型号规格	拉紧力/kN	型式试验报告
武汉乐电电力有限公司	PLJX－306	100	无

23　线盘固定工具

适用电压等级　通用

用途

旁路电缆架空敷设时，用于固定输送绳缆盘，便于输送绳展放和回收。

执行标准

GB/T 2314　电力金具通用技术条件

Q/GDW 249　10kV 旁路作业设备技术条件

相关标准技术性能要求

线盘固定工具采用金属材料制作，设有杆上固定器，具有柱上快装功能。承载力不小于 1000N。

参考图片及参数

企 业 名 称	型号规格	承载力/N	型式试验报告
武汉乐电电力有限公司	PLXGD－404	2000	无

24　余缆工具

适用电压等级　通用

用途

旁路电缆架空敷设时，快速安装在电杆上，用于存放多余的旁路电缆。

执行标准

GB/T 2314　　电力金具通用技术条件

Q/GDW 249   10kV旁路作业设备技术条件

相关标准技术性能要求

余缆工具采用金属材料制作，设有杆上固定器，具有柱上快装功能。承载力不小于1000N。

参考图片及参数

企 业 名 称	型号规格	承载力/N	型式试验报告
北京中诚立信电力技术有限公司	HD－PLZY－LY	3000	无
天津市华电电力器材股份有限公司	HD－PLZY－LY	3000	无
武汉乐电电力有限公司	PLYL－406	3000	

25　电缆绑扎带

适用电压等级　　通用

用途

用于旁路电缆架空敷设时，在杆上绑扎固定旁路电缆。

执行标准

DL 799　带电作业用绝缘绳索类工具

相关标准技术性能要求

采用涤纶等材料制作，长度可根据需要订制。

参考图片及参数

企业名称	型号规格	型式试验报告
北京中诚立信电力技术有限公司	HD－DLBZD	无
天津市华电电力器材股份有限公司	HD－DLBZD	无
武汉乐电电力有限公司	PLBZD－408	无

九

带 电 库 房 设 备

1 带电库房温湿度控制系统

适用电压等级 通用

用途

用于带电库房内温度、湿度的测量与控制。

执行标准

GB 7261　　继电器及保护装置基本试验方法

GB 9631　　计算机场地安全要求

DL/T 974　　带电作业用工具库房

相关标准技术性能要求

1. 温湿度测控系统应具备湿度测控、温度测控、库房温湿度设定、超限报警等功能。温湿度测控系统应根据监测的参数自动启动加热、除湿装置，实现对库房湿度、温度的调节和控制。当调控失效并超过规定值时，应能报警及显示；当库房温度超限时，温度超限保护装置应能自动切断加热电源。控制系统需设置自动复位装置，以保证测控系统在受到外界干扰而失灵时，能够立即自动复位恢复正常运行。测控系统应能监测和记录库房一年中每日的温湿度数据，具备显示、查询功能。根据需要可配备防盗报警系统及视频监控系统。

2. 主要技术性能：①温度测控范围－20～80℃，精度±2℃；②湿度测控范围：30％～95％，精度±5％。

参考图片及参数

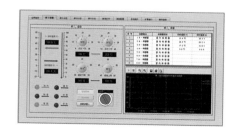

企业名称	型号规格	主要特点	控制方式	型式试验报告
北京中诚立信电力技术有限公司	HD-WS-02型	智能化温湿度控制、报警、数显	手动控制/自动控制	
武汉奋进电力技术有限公司	FJITS-713S	系统以智能云控技术为核心，以嵌入式智能控制箱为系统基础监控中心；云控终端作为库房设备数据采集及控制基本单元；自动感应触屏主机工作站作为人机对话平台；PnP无线温湿度传感器、LED温湿度显示器、越限报警器及各种状态量采集器作为输入设备；云控系列设备包括空调、工业除湿机、无光加热器、通风装置为环境温湿度调节设备，综合构成最新云智能库房环境集控系统	自动控制/手动控制/云端控制	有
天津市华电电力器材股份有限公司	HD-WS-02型	智能化温湿度控制、报警、数显	手动控制/自动控制	无
西安鑫烁电力科技有限公司	XS-KF-WK	智能化温湿度控制、报警、数显	手动控制/自动控制/云端控制	无
陕西秦能电力科技股份有限公司	QNICS	该系统采用进口PLC测控主机，具备自诊断、自复位多重防护功能。 1. 测控系统集成手动控制、全自动控制、区间控制三重方式，系统具备远程联机控制功能； 2. 温度越限保护断电报警； 3. 烟雾保护断电报警； 4. 控制电路过压、过流保护系统	手动控制/自动控制/智能控制	—
圣耀（集团）有限公司	SYWK-02	温湿度智能控制；烟雾报警	自动控制	—

2 带电作业工具库房

适用电压等级 通用

用途

用于存放带电作业用各种工器具。

执行标准

GB 7261 继电器及保护装置基本试验方法

GB/T 14286 带电作业工具设备术语

DL/T 974 带电作业用工具库房

相关标准技术性能要求

1. 库房宜修建在周边环境清洁、干燥、通风良好、工具运输及进出方便的地方。库房面积 20～60m²，工具存放空间与活动空间的比例为 2：1 左右。库房的内空高度宜大于 3.0m，库房的门窗应封闭良好。库房门可采用防火门，配备防火锁。观察窗距地面 1.0～1.2m 为宜，窗玻璃应采用双层玻璃，每层玻璃厚度一般不小于 8mm，以确保库房具有隔湿及防火功能。处于一楼的库房，地面应做好防水及防潮处理。库房内应配备足够的消防器材。库房内应配备足够的照明灯具。库房的装修材料中，宜采用不起尘、阻燃、隔热、防潮、无毒的材料。地面应采用隔湿、防潮材料。工器具存放架一般应采用不锈钢等防腐蚀材料制作。

2. 库房内应装设除湿设备，库房内空气相对湿度应不大于 60％。硬质绝缘工具、软质绝缘工具、检测工具、屏蔽用具的存放区，温度宜控制在 5～40℃内；配电带电作业用绝缘遮蔽用具、绝缘防护用具的存放区，温度宜控制在 10～28℃之间；库房内应装设烘干加热设备。建议采用热风循环加热设备；加热功率按 15～30W/m³ 选配。库房内可装设排风设备。应设有温度超限保护装置、烟雾报警器、室外报警器等报警设施。

3. 库房内应装设温湿度测控系统。温湿度测控系统应具备湿度测控、温度测控、库房温湿度设定、超限报警及库房温湿度自动记录、显示、查询、报表打印等功能。

4. 库房内应装设计算机管理系统。应对工具存储状况、出入库信息、领用手续、试验情况等信息进行实时记录。根据需要工具库房计算机管理系统还可具备在企业局域网上实施 WEB 发布及远程维护的功能。

参考图片及参数

企业名称	型号规格	主要功能	主要设备	控制指标	其他特点
陕西华安电力科技有限公司	HA-KF3	输配带电作业工器具规范存放及管理	除湿设备、加热设备、降温设备、换气系统、烟雾报警（超温温度）系统、温湿度控制系统、温湿度智能监控设备、工具存放智能控制系统	1. 库房内净高不低于3.0m，工具存放空间与活动空间之比为2:1，海拔高度≤2000m； 2. 库房空气相对湿度≤60%，室内温差≤5℃； 3. 库房内温度≤40℃，室内温差≤5℃； 4. 通信采用RS-232或RS-485接口； 5. 工作电压：（380V/220V）±10%，50Hz； 6. 加热延时时间30~40s； 7. 火警报警音量≥85dB，火警LED闪亮1次/10s	温湿度测控装置内置于库房墙壁，不占地面面积，系统操作简单、控制可靠，可24h自动运行。
北京中诚立信电力技术有限公司	HD-DDK-G	输、配电带电作业工器具规范存放及管理	除湿设备、加热设备、降温设备、换气系统、烟雾传感报警、工器具烘干平台、工器具管理系统、温湿度测控远程监视系统	1. 温度5~40℃，湿度≤60%； 2. 设有温湿度测控、库房系统温湿度设定、温度测控、超限报警、显示、报表打印等功能	配置全奎开放式工器具摆放手套、绝缘衣、绝缘套袖、绝缘靴、绝缘德等设有专用拜访架（柜）规范存放，避免重压。
武汉奋进电力技术有限公司	FJITS-713S	输、配电带电作业工器具规范存放及管理	触屏工作站、一体化智能控制箱、无线数字温湿度传感器、LED温湿度显示器、无线数字烟雾报警、信号转发器、空调设备及云控终端、加热设备及云控终端、除湿设备及云控终端、电话报警、集控云关、智能云控门禁、警报模块、RFID工具识别装置	库房内空气相对湿度不大于60%，硬质绝缘工具、软质用具60%，检测工具、屏蔽用具的存放；配电带电作业用绝缘遮蔽用具，绝缘防护用具的存放区内，温度控制在5~40℃之间；工器具出入库自动识别率≥99%	系统以智能控制云技术为核心，以嵌入式智能控制箱为系统基础采集主机及控制基本单元；自动感应触屏工作站作为人机对话平台；PnP无线温湿度传感器、LED温湿度显示器、越限报警器及各种状态量采集器作为输入设备；云控系列设备包括空调、工业除湿机、无光加热器、通风装置、门窗温湿度调节设备；云控指纹门禁装置作为无人化管理单元，综合构成最新V云智能带电作业工具库房。

续表

企业名称	型号规格	主要功能	主要设备	控制指标	其他特点
天津市华电电力器材股份有限公司	HD-DDK-G	输、配电带电作业工器具规范存放及管理	除湿设备、加热设备、降温报警（超温报警）、换气系统、烟雾传感报警、工器具烘干台、工器具测控系统、温湿度参数远程监视系统	1. 温度5~40℃，湿度≤60%。2. 设有温湿度测控、温度测控、温湿度设定、超限报警及库房温湿度自动记录、查询、显示、报表打印等功能	温湿度测控装置内置于库房墙壁，不占地面面积，系统操作简单、控制可靠、可24h自动运行；配置全套开放式工器具摆放架、绝缘手套、绝缘衣、绝缘袖套、绝缘靴、绝缘毯等设有专用摆放架（柜）规范存放、避免叠压
西安鑫烁电力科技有限公司	XS-KF-GJ	输、配电带电作业工器具规范存放及管理	除湿设备、加热设备、降温设备（超温警报）、换气系统、烟雾传感报警、工器具烘干台、工器具测控系统、温湿度参数远程监视系统	1. 湿度不大于60%；2. 温度控制在5~40℃；3. 设有温湿度测控系统、温度测控、库房温湿度测量、湿度设定等功能	视频监控系统能够实时录制、实时显示采样信息
陕西秦能电力科技股份有限公司	RFID-I	1. 采用先进的UHF-RFID技术、计算机软件信息技术、无线数据通信技术、网络控制等多重技术结合的方式，综合实现仓储资产无人化管理；2. 仓储自动出入库识别记录、资产设备状态全面可视、信息在线检索、数据报表打印、工具试验定期提醒、超期预警提醒、库存警戒提醒、工作单出入核查等多种管理功能；3. 配备了LED同步显示功能	1. 超高频控制主机；2. 超高频识别器；3. 超高频写入器；4. LED显示屏；5. 专用标签；6. 智能人员识别器	免人工操作，智能识别处理	带电工具出入库登记系统

续表

企业名称	型号规格	主要功能	主要设备	控制指标	其他特点
	CSJ-I	1. 先进的供电方式、强电供电、弱电控制； 2. 先进的控制方式、避免除湿机长时间工作、引入了间隙工作控制方式	除湿机	手动控制/自动控制/智能控制	DL/T 974—2005《带电作业用工具库房》标准
	LNKT-I	1. 接入带电作业库房温湿度控制系统，对温湿度控制系统进一步完善，遇到库房温度大高时自动启动，达到预设温度时，自动停止； 2. 先进的供电方式、强电供电、弱电控制； 3. 先进的控制方式、避免除湿机长时间工作、引入了间隙工作控制方式	冷暖空调	手动控制/自动控制/智能控制	DL/T 974—2006《带电作业用工具库房》标准
陕西秦能电力科技股份有限公司	TFJ-I	1. 先进的供电方式、强电供电、弱电控制； 2. 先进的控制方式、避免通风机长时间工作、引入了间隙工作控制方式； 3. 遇到当前温度高于设置温度时，自动排风降温	通风机	手动控制/自动控制/智能控制	DL/T 974—2007《带电作业用工具库房》标准
	GJHGT-I	1. 系统在独立操作时，能与其他管理系统兼容； 2. 具备加热、除湿功能	带电作业工具烘干台	手动控制/自动控制/智能控制	DL/T 974—2008《带电作业用工具库房》标准
	GJPFG-I	1. 根据工具的特性、定做专用的货架； 2. 该货架材质满足库房特定要求； 3. 货柜分为敞开式、封闭式	工器具摆放柜架	定制	DL/T 974—2009《带电作业用工具库房》标准

续表

企业名称	型号规格	主要功能	主要设备	控制指标	其他特点
陕西秦能电力科技股份有限公司	JYTBFJ	1. 根据工具的特性、定做专用的货架； 2. 该货架材质选用满足库房特定要求； 3. 货柜分为敞开式、封闭式	绝缘毯摆放架	定制	DL/T 974—2010《带电作业用工具库房》标准
	JYSTBFJ	1. 根据工具的特性、定做专用的货架； 2. 该货架材质选用满足库房特定要求； 3. 货柜分为敞开式、封闭式	绝缘手套摆放架	定制	DL/T 974—2011《带电作业用工具库房》标准
	JYXTBFJ	1. 根据工具的特性、定做专用的货架； 2. 该货架材质选用满足库房特定要求； 3. 货柜分为敞开式、封闭式	绝缘袖套摆放架	定制	DL/T 974—2012《带电作业用工具库房》标准
	JYGBFJ－1	1. 根据工具的特性、定做专用的货架； 2. 该货架材质选用满足库房特定要求； 3. 货柜分为敞开式、封闭式	绝缘杆	定制	DL/T 974—2012《带电作业用工具库房》标准
圣耀（集团）有限公司	SYKF－01	电力安全工器具生命周期管理	智能温控设备；RFID电子标签；生命周期管理系统		可实现远程监控

3 绝缘斗臂车库房

适用电压等级 通用

用途

用于绝缘斗臂车的存放与管理。

执行标准

GB 7261 继电器及保护装置基本试验方法

GB/T 14286 带电作业工具设备术语

DL/T 974 带电作业用工具库房

相关标准技术性能要求

1. 库房宜修建在周边环境清洁、干燥、通风良好、工具运输及进出方便的地方。库房面积根据绝缘斗臂车大小而定。库房的内空高度宜大于 4.0m，库房的门窗应封闭良好。库房门可采用防火门，配备防火锁。观察窗距地面 1.0～1.2m 为宜，窗玻璃应采用双层玻璃，每层玻璃厚度一般不小于 8mm，以确保库房具有隔湿及防火功能。库房地面应做好防水处理及防潮处理。库房内应配备足够的消防器材。库房内应配备足够的照明灯具。库房的装修材料中，宜采用不起尘、阻燃、隔热、防潮、无毒的材料。地面应采用隔湿、防潮材料。工器具存放架一般应采用不锈钢等防腐蚀材料制作。

2. 库房内应装设除湿设备，库房内空气相对湿度应不大于 60%。硬质绝缘工具、软质绝缘工具、检测工具、屏蔽用具的存放区，温度宜控制在 5～40℃ 内；库房内在便于烘烤斗臂的部位或顶部应装设烘干设备。库房内应设有温度超限保护装置、烟雾报警器、室外报警器等报警设施。

参考图片及参数

企业名称	型号规格	主要功能	主要设备	控制指标	其他特点
北京中诚立信电力技术有限公司	HD-DDK-C	绝缘斗臂车规范存放及管理	除臂设备、绝缘斗、绝缘热风、烘干系统、换气系统、烟雾传感器、温湿度测控系统、参数远程监视系统	1. 温度5~40℃、湿度≤60%。2. 设有温湿度测控，库房温湿度设备湿度测控，超限报警及库房温湿度自定，报警、显示、查询动记录，报表打印等功能	温湿度测控装置内置于库房中壁，不占地面面积，系统操作简单，控制可靠，可24h自动运行
武汉奋进电力技术有限公司	FJITS-713S	绝缘斗臂车规范存放及管理	触屏工作站、一体化智能控制箱、无线数字温湿度传感器、LED温湿度显示器、无线数字烟雾报警信号转发器、空调设备及云控终端、加热设备及云控终端、集控云关、电话报警模块	库房内空气相对湿度不大于60%、硬质绝缘检测工具、软质绝缘工具，屏蔽用具的存放区，温度控制在5~40℃内；配电带电作业用绝缘遮蔽用具，绝缘防护用具的存放区，温度控制在10~21℃之间	系统以智能云控技术为核心，以嵌入式智能控制箱为系统基础监控中心；云控终端作为工作单元；自动数据采集及控制箱主机工作站作为人机对话平台；PnP无线温湿度传感器，LED温湿度显示器、报警器及各种状态量采集做输入设备；云控系列设备包括空调、工业除湿机、无光加热器、通风装置为环境温湿度调节设备，综合构成最新V云智能绝缘斗臂车库房
天津市华电电力器材股份有限公司	HD-DDK-C	绝缘斗臂车规范存放及管理	除湿设备、绝缘斗、绝缘热风、烘干系统、换气系统、烟雾传感器、温湿度测控系统、参数远程监视系统	1. 温度5~40℃、湿度≤60%。2. 设有温湿度测控系统、温湿度测控、库房温湿度测控、超限报警及库房温湿度设定、温湿度自动记录、查询、显示，报表自动打印功能	温湿度测控装置内置于库房中壁，不占地面面积，系统操作简单，控制可靠，可24h自动运行

续表

企业名称	型号规格	主要功能	主要设备	控制指标	其他特点
西安鑫烁电力科技有限公司	XS－KF－DBC	绝缘斗臂车规范存放及管理	除湿设备、绝缘斗、绝缘斗臂热系统、烘干系统、换气系统、烟雾传感报警、温湿度测控系统、温湿度参数远程监视系统	1. 温度5～40℃；湿度≤60%。 2. 设有温湿度测控系统，具备温湿度测控、温度测控、库房温湿度设定、超限报警及库房温湿度自动记录、显示、查询、报表打印等功能	温湿度测控装置内置于库房墙壁，不占地面面积，系统操作简单。控制可靠，可24h自动运行
陕西秦能电力科技股份有限公司	DBCK－1	1. 带电库房顶部装有专用加热装置、专门为绝缘斗臂加热； 2. 此专用加热设备与其他智能整控系统联机功能	绝缘斗臂车烘干机	手动控制/自动控制/智能控制	DL/T 974－2012《带电作业用工具库房》标准
	CCSJ－I	1. 先进的供电方式、强电供电、弱电控制； 2. 先进的控制方式、避免除湿机长时间工作、引入了同隙工作控制方式	除湿机	手动控制/自动控制/智能控制	DL/T 974－2005《带电作业用工具库房》标准

其 他

1 绝缘袖套保护袋

适用电压等级 通用

用途

用于绝缘袖套在储藏、运输过程中的保护。

执行标准

DL 778 带电作业用绝缘袖套

相关标准技术性能要求

保护袋宜采用优质白帆布制成，具有良好的防潮、防穿刺功能。

参考图片及参数

企业名称	型号规格	材质	外形尺寸（长×宽）/（mm×mm）	型式试验报告
北京中诚立信电力技术有限公司	HD－XXD－XT	优质白帆布	750×330	
北京正泽商贸有限公司	T31	帆布	762×241	无
	T32	帆布－塑料	762×330	无
天津市华电电力器材股份有限公司	HD－XXD－XT	优质白帆布	750×330	无

2 绝缘手套保护袋

适用电压等级 通用

用途

用于绝缘手套在储藏、运输过程中的保护。

执行标准

GB/T 17622 带电作业用绝缘手套

相关标准技术性能要求

保护袋宜采用优质白帆布制成，具有良好的防潮、防穿刺功能。

参考图片及参数

企业名称	型号规格	材质	防刺穿性	外形尺寸（长×宽）/(mm×mm)	型式试验报告
北京中诚立信电力技术有限公司	HD-XXD-ST	优质白帆布	有	530×200	
北京正泽商贸有限公司	GB114	帆布	良好	229×406	无
	GB116	帆布	良好	229×457	无
	GB118	帆布	良好	229×508	无
	01-056	树脂	良好	203.2×482.6	无
天津市华电电力器材股份有限公司	HD-XXD-ST	优质白帆布	有	530×200	无

3 绝缘手套充气装置

适用电压等级 通用

用途

用于绝缘手套在使用前的完好性检查。

执行标准

GB/T 17622　带电作业用绝缘手套

相关标准技术性能要求

保护袋宜采用优质白帆布制成，具有良好的防潮、防穿刺功能。

参考图片及参数

企业名称	型号规格	材质	防刺穿性	尺寸	型式试验报告
北京中诚立信电力技术有限公司	G99	铁	强	通用型	
北京正泽商贸有限公司	G99	塑料	无	—	无
	G100	塑料	无	—	无
天津市华电电力器材股份有限公司	HD－XXD－ST	铁	—	—	无

4　防潮苫布

适用电压等级　　通用

用途

用于带电作业前铺于干燥地面，放置各种带电作业工器具，避免脏污、受潮。

执行标准

Q/GDW 1799.2　国家电网公司电力安全工作规程

相关标准技术性能要求

防潮苫布宜采用加厚的（$610g/m^2$ 或 $750g/m^2$）重乙烯基涂层织物制作，要求经久耐用、高强度、耐拉力、防晒、防水、防霉、抗冻、耐腐蚀。常见规格为 $2m \times 2m$、$4m \times 4m$，特殊规格可订制。

参考图片及参数

企业名称	型号规格	材质	耐腐蚀性	尺寸	型式试验报告
北京中诚立信电力技术有限公司	HD‑FCSB	尼龙	强	可定制	—
天津市华电电力器材股份有限公司	HD‑FCSB	尼龙	可定制	强	无